北京郊野公园动物多样性

麋鹿苑动物识别手册

李俊芳　白加德◎主编

北京科学技术出版社

图书在版编目（CIP）数据

北京郊野公园动物多样性：麋鹿苑动物识别手册 / 李俊芳，白加德主编．—北京：北京科学技术出版社，2021.8
ISBN 978-7-5714-1727-7

Ⅰ．①北…　Ⅱ．①李…　②白…　Ⅲ．①动物—生物多样性—大兴区—手册　Ⅳ．① Q958.521.3

中国版本图书馆 CIP 数据核字（2021）第 159310 号

责任编辑：韩　晖
责任校对：贾　荣
装帧设计：天露霖文化
责任印制：吕　越
出 版 人：曾庆宇
出版发行：北京科学技术出版社
社　　址：北京西直门南大街16号
邮政编码：100035
电　　话：0086-10-66135495（总编室）　0086-10-66113227（发行部）
网　　址：www.bkydw.cn
印　　刷：雅迪云印（天津）科技有限公司
开　　本：710 mm × 1000 mm　1/16
字　　数：130 千字
印　　张：14.5
版　　次：2021年8月第1版
印　　次：2021年8月第1次印刷
ISBN 978-7-5714-1727-7

定　　价：70.00元

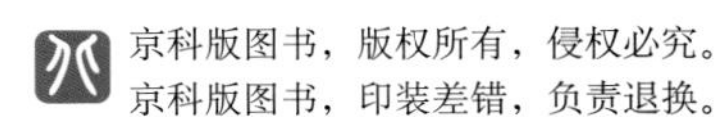

目 录

一、麋鹿苑的鸟

二、麋鹿苑的兽

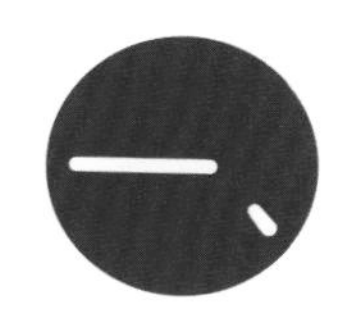

麋鹿苑的鸟

日本鹌鹑

Coturnix japonica Japanese Quail

外形特征： 体型小而滚圆的灰褐色鹌鹑，体长约 20 厘米。上体具褐色与黑色横斑及皮黄色矛状长条纹。下体为皮黄色，胸及两胁具黑色条纹。头具条纹及近白色的长眉纹。夏季，雄鸟的脸、喉及上胸呈栗色，颈侧的两条深褐色带有别于三趾鹑。冬季则与鹌鹑难辨。

虹膜为红褐色；嘴为灰色；脚为肉棕色。

分布范围： 亚洲东部、俄罗斯远东、印度东北部、东南亚；引种至夏威夷。

区内状况： 本地为过路鸟。偶见于保护区灌木丛、草地。

濒危等级： 中国脊椎动物红色名录：无危（LC）

国家重点保护野生动物名录：未列入

CITES：未列入

雉鸡

Phasianus colchicus Common Pheasant

外形特征： 雄鸟体型大，体长约 85 厘米，头部具黑色光泽，有显眼的耳羽簇，宽大的眼周裸皮为鲜红色，羽毛华丽，颈下有白色颈圈。胸部、腹部多紫红色，两胁为棕黄色，具深栗色点斑，背部为棕黄色且具深褐色点斑。两翼灰色斑纹，尾长而尖，呈褐色并带黑色横纹。雌鸟体型小（体长约 60 厘米），羽毛颜色暗淡，周身密布浅褐色斑纹。

分布范围： 分布于中亚、东亚、西伯利亚东南部、乌苏里江流域等地。引种至欧洲、澳大利亚、新西兰、夏威夷及北美洲。

区内状况： 本地为留鸟。栖于保护区林地、灌木丛、草地。

濒危等级： 中国脊椎动物红色名录：无危（LC）

国家重点保护野生动物名录：未列入

CITES：未列入

蓝孔雀

Pavo cristatus　Indian Peafowl

外形特征： 体型大的雉类，体长 90 ~ 230 厘米。雄鸟尾羽甚长（130 ~ 160 厘米），具直立的枕冠，颈部胸部具有蓝色虹彩光泽，尾羽长并具有闪亮蓝色眼斑，形成尾屏。雌鸟无长尾，为灰褐色，下体偏白。

分布范围： 分布于印度、巴基斯坦、斯里兰卡等地。

区内状况： 散放于麋鹿苑，于苑区各处可见。

濒危等级： 中国脊椎动物红色名录：无危（LC）
国家重点保护野生动物名录：未列入
CITES：未列入

疣鼻天鹅

Cygnus olor Mute Swan

外形特征：体型大而优雅的白色天鹅，体长约150厘米。嘴呈橘黄色，前额基部有特征性的黑色疣突（雄鸟）。游水时颈部呈优雅的S形，两翼常高拱。幼鸟为绒灰或污白色，嘴为灰紫色。成鸟在护巢区时有攻击性。

虹膜为褐色；嘴为橘黄色；脚为黑色。

分布范围：繁殖于欧洲至中亚，越冬于北非及印度。

区内状况：本地为过路鸟。偶见于保护区水边。

濒危等级：中国脊椎动物红色名录：无危（LC）

国家重点保护野生动物名录：二级

CITES：附录Ⅱ

大天鹅

Cygnus cygnus Whooper Swan

外形特征： 体型高大的白色天鹅，体长约155厘米。嘴呈黑色，嘴基有大片黄色区域。黄色区域延至上缘、侧缘呈尖形。游水时颈较疣鼻天鹅更直。亚成体羽色较疣鼻天鹅更为单调，嘴色亦淡。比小天鹅大许多。

虹膜为褐色；嘴为黑色而基部为黄色；脚为黑色。

分布范围： 繁殖于格陵兰岛和亚欧大陆北部，在中欧、中亚以及中国越冬。

区内状况： 苑内留鸟。成小群或单独于保护区水边活动。

濒危等级： 中国脊椎动物红色名录：无危（LC）

国家重点保护野生动物名录：二级

CITES：附录Ⅱ

鸿雁

Anser cygnoides Swan Goose

外形特征： 体型大而颈长的雁，体长约 88 厘米。黑且长的嘴与前额成一条直线，嘴基有一道狭窄白环。上体呈灰褐色但羽缘色浅皮黄。前颈为白色，头顶及颈背为红褐色，前颈及后颈有一道明显分界线。腿粉红，臀部近白，飞羽黑。虹膜为褐色；嘴为黑色；脚为深橘黄。

分布范围： 繁殖于蒙古、中国东北部及西伯利亚，越冬于中国中部、东部以及朝鲜。

区内状况： 本地为留鸟。在保护区水域活动，水边取食，常与豆雁混群。春季在苑内繁殖。

濒危等级： 中国脊椎动物红色名录：易危（UV）
国家重点保护野生动物名录：二级
CITES：附录Ⅱ

豆雁

Anser fabalis Bean Goose

外形特征： 体型大的灰色雁，体长约 80 厘米。脚为橘黄色；颈色暗，嘴黑而具橘黄色次端条带。飞行时较其他灰色雁类色暗而颈长。上下翼无浅灰色调。

虹膜为暗棕色；嘴为橘黄色、黄色及黑色；脚为橘黄色。

分布范围： 繁殖于亚欧地区的泰加林，在温带地区越冬。

区内状况： 本地为冬候鸟。常见小群活动于保护区水面，与鸿雁混群。

濒危等级： 中国脊椎动物红色名录：无危（LC）

国家重点保护野生动物名录：未列入

CITES：未列入

白额雁

Anser albifrons White-fronted Goose

外形特征： 体型大的灰色雁，体长 70 ～ 85 厘米。腿呈橘黄色，有白色斑块环绕嘴基，腹部具大块黑斑，雏鸟的黑斑小。飞行中显笨重，翼下羽色较灰雁暗，但比豆雁浅。

虹膜为深褐色；嘴为粉红色，基部为黄色；脚为橘黄色。

分布范围： 繁殖于苔原地带，在温带地区越冬。

区内状况： 本地为冬候鸟。常见活动于保护区水面，与鸿雁混群。

濒危等级： 中国脊椎动物红色名录：无危（LC）

国家重点保护野生动物名录：二级

CITES：附录Ⅱ

灰雁

Anser anser Greylag Goose

外形特征： 体型大的灰褐色雁，体长约 76 厘米。粉红色的嘴和脚为本种特征。嘴基无白色。上体体羽为灰色而羽缘白，使上体具扇贝形图纹。胸呈浅烟褐色，尾上及尾下覆羽均为白色。飞行中浅色的翼前区与飞羽的暗色对比明显。虹膜为褐色；嘴为红粉色；脚为粉红色。

分布范围： 繁殖于欧亚大陆北部，越冬至北非、印度、中国及东南亚。

区内状况： 本地为冬候鸟。偶见小群活动于保护区水面，常与鸿雁、豆雁混群。

濒危等级： 中国脊椎动物红色名录：无危（LC）

国家重点保护野生动物名录：未列入

CITES：未列入

斑头雁

Anser indicus Bar-headed Goose

外形特征： 体型中等的雁，体长约 70 厘米。头顶为白色，枕后有两道黑色条纹为本种特征。喉部白色区域延伸至颈侧。头部黑色图案在幼鸟时为浅灰色。飞行中上体均为浅色，仅翼部狭窄的后缘颜色暗。下体多为白色。

虹膜为褐色；嘴为鹅黄色，嘴尖为黑色；脚为橙黄色。

分布范围： 繁殖于中亚，在印度北部及缅甸越冬。

区内状况： 本地为冬候鸟。偶见活动于保护区水面，常与鸿雁、豆雁混群。

濒危等级： 中国脊椎动物红色名录：无危（LC）

国家重点保护野生动物名录：未列入

CITES：未列入

赤麻鸭

Tadorna ferruginea Ruddy Shelduck

外形特征： 体型大的橙栗色鸭，体长约 63 厘米。头皮为黄色。外形似雁。雄鸟在夏季有狭窄的黑色领圈。飞行时白色的翅上覆羽及铜绿色翼镜明显可见。嘴和腿为黑色。

虹膜为褐色；嘴接近黑色；脚为黑色。

分布范围： 繁殖于东南欧及中亚，越冬于印度和中国南部。

区内状况： 本地为冬候鸟。冬季栖息于保护区的水面，常与绿头鸭混群活动。

濒危等级： 中国脊椎动物红色名录：无危（LC）

国家重点保护野生动物名录：未列入

CITES：未列入

翘鼻麻鸭

Tadorna tadorna Common Shelduck

外形特征： 体型中大的黑白色鸭，身长约60厘米。雄鸟绿黑色的光亮头部与鲜红色的嘴及额基部隆起的皮质肉瘤对比强烈。胸部有一道栗色横带。雌鸟似雄鸟，但颜色较暗淡，嘴基可能有小肉瘤。亚成体呈斑驳的褐色，嘴为暗红色，脸侧有白色斑块。

虹膜为浅褐色；嘴为红色；脚为红色。

分布范围： 繁殖于西欧至东亚，越冬至北非、印度及中国南部。

区内状况： 本地为过路鸟，偶见于保护区水域，单独觅食。

濒危等级： 中国脊椎动物红色名录：无危（LC）

国家重点保护野生动物名录：未列入

CITES：未列入

鸳鸯

Aix galericulata Mandarin Duck

外形特征： 体型小而色彩艳丽的鸭，体长约 40 厘米。雄鸟有醒目的白色眉纹、金色颈、背部长羽以及拢翼后可直立的、独特的、棕黄色的、炫耀性的“帆状饰羽”。雌鸟不甚艳丽，有亮灰色体羽及雅致的白色眼圈及眼后线。雄鸟的非婚羽似雌鸟，但嘴为红色。

虹膜为褐色；雄鸟的嘴为红色，雌鸟的嘴为灰色；脚近似黄色。

分布范围： 亚洲东北部、中国东部及日本。

区内状况： 本地为留鸟。常见于保护区有树的水边，与绿头鸭混群。

濒危等级： 中国脊椎动物红色名录：近危（NT）

国家重点保护野生动物名录：二级

CITES：未列入

赤膀鸭

Anas Strepera Gadwall

外形特征：雄鸟：体型较大的灰色鸭，体长约 50 厘米。其主要特征是嘴为黑色、头为棕色、尾为黑色，次级飞羽具白斑及腿为橘黄色。比绿头鸭稍小，嘴稍细。雌鸟：似雌绿头鸭但头较扁，嘴侧为橘黄色，腹部及次级飞羽为白色。虹膜为褐色；繁殖期雄鸟的嘴为灰色，其他时候为橘黄色，但中部为灰色；脚为橘黄色。

分布范围：全北界及印度北部至中国南部。温带地区繁殖，南方越冬。

区内状况：本地为冬候鸟。栖于保护区水面，常与其他水禽混杂。

濒危等级：中国脊椎动物红色名录：无危（LC）

国家重点保护野生动物名录：未列入

CITES：未列入

罗纹鸭

Anas Falcata Falcated Duck

外形特征： 雄鸟体型较大，体长约 50 厘米，头顶为栗色，头侧的绿色而有光泽的冠羽延垂至颈项，黑、白色的三级飞羽长而弯曲。喉及嘴基部为白色，使其区别于体型更小的绿翅鸭。雌鸟暗褐色杂深色，与雌性赤膀鸭相似，但嘴及腿暗灰色，头及颈的颜色浅，两肋略带扇贝形纹，尾上覆羽两侧具皮草黄色线条；有铜棕色翼镜。

虹膜为褐色；嘴为黑色；脚为暗灰色。

分布范围： 繁殖于东北亚，迁徙至华东及华南。

区内状况： 本地为冬候鸟。栖于保护区水面，常与其他水禽混杂。

濒危等级： 中国脊椎动物红色名录：无危（LC）

国家重点保护野生动物名录：未列入

CITES：未列入

赤颈鸭

Anas penelope Eurasian Wigeon

外形特征： 中等体型的大头鸭，体长约 47 厘米。雄鸟头为栗色，带皮黄色冠羽；体羽余部多灰色，两胁有白斑，腹白，尾下覆羽为黑色；飞行时白色翅羽与深色飞羽及绿色翼镜成对照。雌鸟通体为棕褐或灰褐色，腹白；飞行时浅灰色的翅覆羽与深色的飞羽成对照；翼下为灰色，喙为绿色。虹膜为棕色；嘴为蓝绿色；脚为灰色。

分布范围： 繁殖于古北界；在分布区的南部越冬。

区内状况： 本地为冬候鸟。栖于保护区水面，常与其他水禽混杂。

濒危等级： 中国脊椎动物红色名录：无危（LC）

国家重点保护野生动物名录：未列入

CITES：未列入

绿头鸭

Anas platyrhynchos Mallard

外形特征：中等体型，体长约58厘米，为家鸭的野型。雄鸟头及颈为深绿色、带光泽，白色颈环使其头与栗色的胸隔开。雌鸟呈斑驳的褐色，有深色的贯眼纹，较雌针尾鸭尾短而钝，较雌赤膀鸭体大且翼上图纹不同。

虹膜为褐色；嘴为黄色；脚为橘黄色。

分布范围：繁殖于全北界的温带区域，在分布区的南部越冬。

区内状况：本地为留鸟。常见于保护区湿地，春季在苑内繁殖。

濒危等级：中国脊椎动物红色名录：无危（LC）

国家重点保护野生动物名录：未列入

CITES：未列入

斑嘴鸭

Anas zonorhyncha Chinese Spot-billed Duck

外形特征： 体型大的深褐色鸭，体长约 60 厘米。头色浅，顶及眼线色深，嘴黑而嘴端黄且于繁殖期黄色嘴端顶尖有一黑点为本种特征。喉及颊呈皮黄色。有过颊的深色纹，体羽更黑，翼镜为金属蓝色。白色的三级飞羽停栖时偶可见，在飞行时甚明显。两性同色，但雌鸟体色较暗淡。

虹膜为褐色；嘴呈黑色而嘴端为黄色；脚为珊瑚红色。

分布范围： 缅甸、东北亚及中国。

区内状况： 本地为留鸟。常成小群栖于保护区水域，与绿头鸭混群。

濒危等级： 中国脊椎动物红色名录：无危（LC）

国家重点保护野生动物名录：未列入

CITES：未列入

琵嘴鸭

Anas clypeata Northern Shoveler

外形特征： 中等体型，体长约 50 厘米，易识别，嘴长而宽，末端呈匙形。雄鸟腹部呈栗色，胸为白色，头为深绿色而具光泽。雌鸟为斑驳的褐色，尾近白色，贯眼纹为深色，色彩似雌绿头鸭但嘴型清楚可辨。飞行时浅灰蓝色的翼上覆羽与深色飞羽及绿色翼镜形成对比。

虹膜为褐色；繁殖期雄鸟的嘴接近黑色，雌鸟的嘴为橘褐色；脚为橘黄色。

分布范围： 繁殖于全北界中北部，越冬于南亚、东南亚、非洲北部以及中美洲。

区内状况： 本地为过路鸟。偶见于保护区水面，常与其他水禽混杂。

濒危等级： 中国脊椎动物红色名录：无危（LC）

国家重点保护野生动物名录：未列入

CITES：未列入

针尾鸭

Anas acuta Northern Pintail

外形特征： 中等体型的鸭，体长约 55 厘米。尾长而尖。雄鸟的头为棕色，喉为白色，两胁有灰色扇贝形纹，尾为黑色，中央尾羽长，两翼为灰色、具绿铜色翼镜，下体为白色。雌鸟呈暗淡褐色，上体有多个黑斑；下体为皮黄色，胸部具黑点；两翼为灰色，翼镜为褐色；嘴及脚为灰色。与其他雌鸭的区别在于体形较优雅，头为淡褐色，尾形尖。虹膜为褐色；嘴为蓝灰色；脚为灰色。

分布范围： 繁殖于欧洲、亚洲和北美洲北部，越冬于南欧、北非、中东、南亚、东亚和东南亚以及北美洲中部。

区内状况： 本地为冬候鸟。成对或成群栖于保护区水面，常与其他水禽混杂。

濒危等级： 中国脊椎动物红色名录：无危（LC）

国家重点保护野生动物名录：未列入

CITES：未列入

花脸鸭

Anas formosa Baikal Teal

外形特征：雄鸟体型小，体长约42厘米，头顶颜色深，纹理分明的亮绿色脸部具有特征性的黄色月牙形斑块；多斑点的胸部染棕色，两胁具鳞状纹似绿翅鸭；肩羽长，中心黑而上缘白；翼镜为铜绿色，臀部为黑色。

雌鸟似白眉鸭及绿翅鸭，但体略大且嘴基有白点；脸侧有白色月牙形斑块。

虹膜为褐色；嘴为灰色；脚为灰色。

分布范围：繁殖于东北亚，越冬于东亚南部。

区内状况：本地为冬候鸟。成对或成群栖于保护区水域，常与其他水禽混杂。

濒危等级：中国脊椎动物红色名录：无危（LC）

国家重点保护野生动物名录：二级

CITES：未列入

绿翅鸭

Anas crecca　Eurasian Teal

外形特征： 体型小、飞行速度快的鸭类，体长约 37 厘米。绿色翼镜在飞行时明显。雄鸟有明显的金属亮绿色、带皮黄色边缘的贯眼纹，横贯栗色的头部，肩羽上有一道长长的白色条纹，深色的尾下羽外缘具皮黄色斑块；其余体羽多为灰色。雌鸟为斑驳的褐色，腹部颜色淡；翼镜呈亮绿色，前翼颜色深，头部颜色淡。

虹膜为褐色；嘴为灰色；脚为灰色。

分布范围： 繁殖于整个古北界；越冬于分布区南部。

区内状况： 本地为冬候鸟。成对或成群栖于保护区水域，常与其他水禽混杂。

濒危等级： 中国脊椎动物红色名录：无危（LC）

国家重点保护野生动物名录：未列入

CITES：未列入

红头潜鸭

Aythya ferina Common Pochard

外形特征： 中等体型、外观漂亮的鸭，体长约 46 厘米。雄鸟栗红色的头部与亮灰色的嘴、褐黑色的胸部及上背形成对比。腰为黑色但背及两胁显灰色。从近处能看出白色中带黑色的蠕虫状细纹。飞行时翼上的灰色条带与其余较深色部位对比不明显。雌鸟的背为灰色，头、胸及尾接近褐色，眼周呈皮黄色。

雄鸟的虹膜为红色，雌鸟的虹膜为褐色；嘴为灰色而嘴端为黑色；脚为灰色。

分布范围： 分布于西欧至中亚；越冬于北非、印度及中国南部。

区内状况： 本地为冬候鸟。栖息于保护区水域，常与其他水禽混杂。

濒危等级： 中国脊椎动物红色名录：无危（LC）

国家重点保护野生动物名录：未列入

CITES：未列入

青头潜鸭

Aythya baeri Baer's Pochard

外形特征： 体型适中的近黑色潜鸭，体长约 45 厘米。胸部为深褐色，腹部及两胁呈白色；翼下羽及二级飞羽为白色，飞行时可见黑色翼缘。繁殖期雄鸟的头部为亮绿色。与雄性凤头潜鸭区别在于青头潜鸭的头部无冠羽，体型较小，两侧白色线条不够整齐，尾下羽为白色（注：凤头潜鸭尾下羽偶尔也为白色）。

雄鸟的虹膜为白色，雌鸟的虹膜为褐色；嘴为蓝灰色；脚为灰色。

分布范围： 繁殖于东亚北部，越冬于东亚和东南亚。

区内状况： 本地为冬候鸟。栖息于保护区水域，常与其他水禽混杂。

濒危等级： 中国脊椎动物红色名录：极危（CR）

国家重点保护野生动物名录：一级

CITES：未列入

凤头潜鸭

Aythya fuligula　Tufted Duck

外形特征： 中等体型，体长约 42 厘米，矮、扁、结实的鸭。头部有长羽冠。雄鸟为黑色，腹部及体侧为白色。雌鸟为深褐色，两胁为褐色而羽冠短。飞行时二级飞羽呈白色带状。尾下羽偶为白色。雌鸟有浅色脸颊斑。雏鸟似雌鸟但眼为褐色。与白眼潜鸭相比，凤头潜鸭头顶部平而眉突出。虹膜为黄色；嘴及脚为灰色。

分布范围： 繁殖于亚欧大陆北部，越冬于北非、欧亚大陆南部、朝鲜半岛、日本南部以及菲律宾北部。

区内状况： 本地为冬候鸟。栖息于保护区水域，常与其他水禽混杂。

濒危等级： 中国脊椎动物红色名录：无危（LC）

国家重点保护野生动物名录：未列入

CITES：未列入

斑背潜鸭

Aythya marila Greater Scaup

外形特征： 中等体型的体矮型鸭，体长约 48 厘米。雄鸟体比凤头潜鸭长，背为灰色，无羽冠。雌鸟与雌凤头潜鸭的区别在于雌鸟嘴基有一白色宽环。与小潜鸭甚相像但体型较大且无小潜鸭的短羽冠，飞行时与小潜鸭的不同之处在于斑背潜鸭的初级飞羽基部为白色。

虹膜为黄色略白；嘴为灰蓝色；脚为灰色。

分布范围： 繁殖于全北界的环北极区域，越冬于全北界南部的沿海区域。

区内状况： 本地为冬候鸟。栖息于保护区水域，常与其他水禽混杂。

濒危等级： 中国脊椎动物红色名录：无危（LC）

国家重点保护野生动物名录：未列入

CITES：未列入

鹊鸭

Bucephala clangula Common Goldeneye

外形特征： 体型中等的深色潜鸭，体长约 48 厘米。头大而高耸，眼为金色。繁殖期的雄鸟胸、腹都为白色，次级飞羽极白。嘴基部具大的白色圆形点斑，头余部为黑色，有绿色光泽。雌鸟为烟灰色，具接近白色的扇贝形纹；头为褐色，无白色点或紫色光泽；通常具狭窄的白色前颈环。非繁殖期的雄鸟似雌鸟，但近嘴基处点斑仍为浅色。

分布范围： 繁殖于全北界中北部，越冬于全北界南部。

区内状况： 本地为冬候鸟。栖息于保护区水域，常与其他水禽混杂。

濒危等级： 中国脊椎动物红色名录：无危（LC）

国家重点保护野生动物名录：未列入

CITES：未列入

斑头秋沙鸭

Mergellus albellus Smew

外形特征： 体型小而优雅的黑白色鸭，体长 38 ~ 44 厘米。繁殖期的雄鸟身体为白色，但眼罩、枕纹、上背、初级飞羽及胸侧的狭窄条纹为黑色，体侧具灰色蠕虫状细纹。雌鸟及非繁殖期雄鸟的上体为灰色，具两道白色翼斑，下体为白色，眼周接近黑色，额、顶及枕部为栗色。其喉部为白色。

虹膜为褐色；嘴为近黑色；脚为灰色。

分布范围： 分布于古北界北部，越冬于古北界南部。

区内状况： 本地为冬候鸟，偶见栖息于保护区水域。常与基地的水禽混杂。

濒危等级： 中国脊椎动物红色名录：无危（LC）

国家重点保护野生动物名录：二级

CITES：未列入

普通秋沙鸭

Mergus merganser Common Merganser

外形特征： 体型略大的食鱼鸭，体长约 68 厘米。细长的嘴具钩。繁殖期的雄鸟的头及背部为绿黑色，与光洁的乳白色的胸部及下体形成对比。飞行时翼为白色而外侧三级飞羽为黑色。雌鸟及非繁殖期的雄鸟的上体为深灰色，下体为浅灰色，头为棕褐色而颏为白色。副羽蓬松，较中华秋沙鸭的更短，但比体型较小的鸭科动物的更厚。飞行时次级飞羽及覆羽全为白色，并无红胸秋沙鸭的黑斑。

虹膜为褐色；嘴为红色；脚为红色。

分布范围： 几乎遍布全北界，越冬于分布区南部。

区内状况： 本地为冬候鸟。栖息于保护区水域，常与其他水禽混杂。

濒危等级： 中国脊椎动物红色名录：无危（LC）

国家重点保护野生动物名录：未列入

CITES：未列入

蚁䴕

Jynx torquilla　Eurasian Wryneck

外形特征： 体型小的灰褐色啄木鸟，体长约 17 厘米。特征为体羽斑驳杂乱，下体具小横斑。嘴短，呈圆锥形。就啄木鸟而言尾较长，具不明显的横斑。

虹膜为淡褐色；嘴为角质色；脚为褐色。

分布范围： 广布于亚欧大陆及非洲北部。

区内状况： 本地为过路鸟。林栖鸟类，食昆虫。

濒危等级： 中国脊椎动物红色名录：无危（LC）

国家重点保护野生动物名录：未列入

CITES：未列入

星头啄木鸟

Dendrocopos canicapillus Grey-capped Pygmy Woodpecker

外形特征： 体型小、具黑白色条纹的啄木鸟，体长约 15 厘米。下体无红色，头顶为灰色；雄鸟眼后上方具红色条纹，腹部为棕黄色，有近黑色的条纹。

虹膜为淡褐色；嘴为灰色；脚为绿灰色。

分布范围： 分布于喜马拉雅山脉、东南亚及东亚。

区内状况： 本地为留鸟。常见的林栖鸟类，食昆虫。

濒危等级： 中国脊椎动物红色名录：无危（LC）

国家重点保护野生动物名录：未列入

CITES：未列入

棕腹啄木鸟

Dendrocopos hyperythrus Rufous-bellied Woodpecker

外形特征： 体型小、色彩浓艳的啄木鸟，体长约20厘米。背、两翼及尾部为黑色，其上具成排的白点；头侧及下体呈浓赤褐色为本种识别特征；臀部为红色。雄鸟的顶冠及枕部为红色。雌鸟的顶冠为黑色，具白点。

虹膜为褐色；嘴为灰色而端部为黑色；脚为灰色。

分布范围： 喜马拉雅山脉、中国及东南亚。

区内状况： 本地为过路鸟。偶见于保护区林地，食昆虫。

濒危等级： 中国脊椎动物红色名录：无危（LC）

国家重点保护野生动物名录：未列入

CITES：未列入

大斑啄木鸟

Dendrocopos major Great Spotted Woodpecker

外形特征： 体型小，常见的黑白相间的啄木鸟，体长约 24 厘米。上体主要为黑色，额、颊和耳羽为白色，肩和翅上各有一块大白斑。雄鸟的枕部具狭窄红色带，而雌鸟没有。雄鸟和雌鸟的臀部均为红色，但带黑色纵纹的近白色胸部上无红色或橙红色。

虹膜接近红色；嘴为灰色；脚为灰色。

分布范围： 亚欧大陆的温带林区，印度东北部，缅甸西部、北部及东部，中南半岛北部。

区内状况： 本地为留鸟。常见的典型林栖鸟类，食昆虫。啄木声响亮。

濒危等级： 中国脊椎动物红色名录：无危（LC）

国家重点保护野生动物名录：未列入

CITES：未列入

灰头绿啄木鸟

Picus canus Grey-Headed Woodpecker

外形特征： 体型小的绿色啄木鸟，体长约 27 厘米。识别特征为下体全灰，颊及喉部也为灰色。雄鸟的前顶冠为猩红色，眼先及狭窄颊纹为黑色，枕及尾呈黑色。雌鸟的顶冠为灰色而无红斑。嘴相对短而钝。

虹膜为红褐色；嘴接近灰色；脚为蓝灰色。

分布范围： 广泛分布于亚欧大陆的温带及热带地区。

区内状况： 本地为留鸟。常见的林栖鸟类，食昆虫。

濒危等级： 中国脊椎动物红色名录：无危（LC）

国家重点保护野生动物名录：未列入

CITES：未列入

戴胜

Upupa epops Common Hoopoe

外形特征： 体型小、色彩鲜明的鸟类，体长约 30 厘米。具长而尖的粉棕色丝状冠羽。头、上背、肩及下体为粉棕色，两翼及尾具黑白相间的条纹。嘴长且下弯。

虹膜为褐色；嘴为黑色；脚为黑色。

分布范围： 非洲、亚欧大陆。

区内状况： 本地为留鸟。喜开阔潮湿的地面，性胆大，若受惊动则会飞到附近树上观望。在苑中的树洞内繁殖。

濒危等级： 中国脊椎动物红色名录：无危（LC）

国家重点保护野生动物名录：未列入

CITES：未列入

普通翠鸟

Alcedo atthis Common Kingfisher

外形特征： 体型小、身体为亮蓝色及棕色的翠鸟，体长约 15 厘米。上体呈金属浅蓝绿色，颈侧具白色点斑；下体呈橙棕色，颏部为白色。橘黄色条带横贯眼部及耳羽。幼鸟颜色暗淡，具深色胸带。

虹膜为褐色；嘴为黑色（雄鸟），下颚为橘黄色（雌鸟）；脚为红色。

分布范围： 广泛分布于亚欧大陆、北非、印度尼西亚至新几内亚。

区内状况： 本地为夏候鸟。常出没于保护区水域。栖于探出的枝头上，常会转头四顾寻鱼并入水捉鱼。

濒危等级： 中国脊椎动物红色名录：无危（LC）

国家重点保护野生动物名录：未列入

CITES：未列入

蓝翡翠

Halcyon pileata Black-capped Kingfisher

外形特征： 体型小，体长约30厘米，身体为蓝色、白色及黑色的翠鸟，以黑色的头部为特征。翼上覆羽为黑色，上体其余部位为蓝色或紫色，两胁及臀接近棕色。飞行时白色翼斑明显。虹膜为深褐色；嘴为红色；脚为红色。

分布范围： 繁殖于中国及朝鲜半岛；冬季南迁，远至印度尼西亚。

区内状况： 本地为夏候鸟。偶见于西保护区水域。喜栖于水中突出的木桩上，盘桓于水面寻食。

濒危等级： 中国脊椎动物红色名录：无危（LC）

国家重点保护野生动物名录：未列入

CITES：未列入

四声杜鹃

Cuculus micropterus Indian Cuckoo

外形特征： 体型小的偏灰色杜鹃，体长约30厘米，似大杜鹃，区别在于四声杜鹃的尾部为灰色并具黑色次端斑，且虹膜较暗，灰色的头部与深灰色的背部形成对比。雌鸟较雄鸟多褐色。亚成鸟的头及上背具偏白的皮黄色鳞状斑纹。虹膜为红褐色；眼圈为黄色；上嘴为黑色，下嘴偏绿；脚为黄色。

分布范围： 东亚、东南亚。

区内状况： 本地为夏候鸟。多见于保护区灌木丛或林地。常闻其声，有时做短距离的飞行，会从植被上掠过。

濒危等级： 中国脊椎动物红色名录：无危（LC）
国家重点保护野生动物名录：未列入
CITES：未列入

大杜鹃

Cuculus canorus Common cuckoo

外形特征： 中等体型的杜鹃，体长约32厘米。上体为灰色，尾偏黑色，腹部接近白色且具黑色横斑。“棕红色”变异型雌鸟为棕色，背部具黑色横斑。与四声杜鹃的区别在于大杜鹃的虹膜为黄色，尾上无次端斑；与雌中杜鹃的区别在于大杜鹃的腰无横斑。幼鸟枕部有白色块斑。

虹膜及眼圈呈黄色；嘴的上部为深色，下部为黄色；脚为黄色。

分布范围： 繁殖于亚欧大陆，越冬至非洲及东南亚。

区内状况： 本地为夏候鸟。常见于保护区灌木丛或林地。常闻其声，有时做短距离的飞行，在树林间穿行。

濒危等级： 中国脊椎动物红色名录：无危（LC）

国家重点保护野生动物名录：未列入

CITES：未列入

噪鹃

Eudynamys scolopaceus Asian Koel

外形特征：体型大的杜鹃，体长约42厘米。全身为黑色（雄鸟）或白色杂灰褐色（雌鸟）。

虹膜为红色；嘴为浅绿色；脚为蓝灰色。

分布范围：亚欧大陆南部、中国和东南亚。

区内状况：本地为迁徙鸟。偶见于保护区林地。

濒危等级：中国脊椎动物红色名录：无危（LC）

国家重点保护野生动物名录：未列入

CITES：未列入

普通雨燕（普通楼燕）

Apus apus Common Swift

外形特征： 体型小，体长约 17 厘米，全身呈暗色，尾叉颜色深浅程度中等，喉部颜色略浅。额的颜色浅于头顶，翼外侧颜色较内侧浅。

虹膜为褐色；嘴为黑色；脚为黑色。

分布范围： 繁殖于亚欧大陆北部，越冬于非洲南部。

区内状况： 本地为夏候鸟。常见于保护区水域上空。

濒危等级： 中国脊椎动物红色名录：无危（LC）

国家重点保护野生动物名录：未列入

CITES：未列入

雕鸮

Bubo bubo Eurasian Eagle Owl

外形特征： 体型硕大的鸮，体长约69厘米。耳羽簇长，眼大。体羽为深浅不一的褐色。胸部偏黄色，多具深褐色纵纹且每片羽毛均具褐色横斑。羽延伸至趾。

虹膜为橙黄色；嘴为灰色；脚为黄色。

分布范围： 分布于亚欧大陆大部分地区。

区内状况： 本地为留鸟，常见于保护区上空，常被乌鸦、喜鹊追逐。栖息于保护区林地。

濒危等级： 中国脊椎动物红色名录：数据缺乏（DD）

国家重点保护野生动物名录：二级

CITES：附录Ⅱ

纵纹腹小鸮

Athene noctua Little Owl

外形特征： 体型小而无耳羽簇的鸮，体长约 23 厘米。头顶平，眼为亮黄色且会长时间凝视事物。浅色的平眉及宽阔的白色髭纹使其看起来面目狰狞。上体为褐色，具白色纵纹及点斑。下体为白色，具褐色杂斑及纵纹。肩上有两道白色或皮黄色的横纹。

虹膜为亮黄色；嘴为角质黄色；脚为白色，被羽。

分布范围： 分布于非洲北部及亚欧大陆中纬度地区。

区内状况： 本地为过路鸟，不常见，苑内西保护区于 2015 年救助过 1 只。

濒危等级： 中国脊椎动物红色名录：数据缺乏（DD）

国家重点保护野生动物名录：二级

CITES：附录Ⅱ

长耳鸮

Asio otus Long-eared Owl

外形特征：中等体型的鸮，体长约 36 厘米。面部圆并为皮黄色，边缘为褐色和白色，长长的黑色耳羽簇突出于头顶两侧，眼神略显呆滞。嘴以上的面盘中央部位具明显的白色“X”图形，上体为褐色，具暗色块斑及皮黄色和白色的点斑。下体为皮黄色，具棕色杂纹及褐色纵纹或斑块。

虹膜为橙黄色；嘴为角质灰色；脚偏粉。

分布范围：广布于北半球中纬度地区。

区内状况：本地为冬候鸟，不常见，偶尔在保护区林地的树枝上休息。

濒危等级：中国脊椎动物红色名录：无危（LC）

国家重点保护野生动物名录：二级

CITES：附录Ⅱ

普通夜鹰

Caprimulgus indicus　Grey Nightjar

外形特征： 中等体型的偏灰色夜鹰，体长约 28 厘米。全身几乎呈暗褐色斑杂状，上体密布黑褐色或灰白色虫蠹斑纹。雄鸟外侧四对尾羽具白色斑纹。雌鸟似雄鸟，但白色块斑呈皮黄色。

分布范围： 印度次大陆、中国、东南亚，越冬于印度尼西亚及新几内亚。

区内状况： 本地为过路鸟，不常见，栖于保护区林地。

濒危等级： 中国脊椎动物红色名录：无危（LC）

国家重点保护野生动物名录：未列入

CITES：未列入

原鸽

Columba livia Rock Pigeon

外形特征： 中等体型的蓝灰色鸽，体长约 32 厘米。翼上横斑及尾端横斑呈黑色，头及胸部具紫绿色闪光。此鸟为人们所熟悉的城市及家养品种鸽的野型。

虹膜为褐色；嘴为角质色；脚为深红色。

分布范围： 野生种群广布于欧洲，北非和亚洲西部、中部、南部，引种至世界各地，如今许多城镇有野化的鸽群。

区内状况： 本地为留鸟。成群生活于保护区开阔林地，取食于地面。

濒危等级： 中国脊椎动物红色名录：无危（LC）

国家重点保护野生动物名录：未列入

CITES：未列入

山斑鸠

Streptopelia orientalis Oriental Turtle Dove

外形特征： 中等体型的偏粉色斑鸠，体长约 32 厘米。颈侧有带明显黑白色条纹的块状斑。上体的深色扇贝斑纹体羽的羽缘呈棕色，腰为灰色，尾羽接近黑色，尾梢呈浅灰色。下体多偏粉色，脚为红色。与灰斑鸠的区别在于体型较大。虹膜为黄色；嘴为灰色；脚为粉红色。

分布范围： 分布于亚洲中部、南部和东部。

区内状况： 本地为留鸟。常见于保护区林地，取食于地面。

濒危等级： 中国脊椎动物红色名录：无危（LC）
国家重点保护野生动物名录：未列入
CITES：未列入

珠颈斑鸠

Streptopelia chinensis Spotted Dove

外形特征： 中等体型的粉褐色斑鸠，体长约 30 厘米。尾略显长，外侧尾羽前端的白色端斑甚宽，飞羽较体羽颜色深。明显特征为颈侧满是白点的黑色块斑。

虹膜为橘黄色；嘴为黑色；脚为红色。

分布范围： 分布于亚洲东部及南部；引种至多地，远及澳大利亚。

区内状况： 本地为留鸟。常见于保护区林地，地面取食，常立于开阔路面。受干扰后会缓缓振翅，贴地而飞。

濒危等级： 中国脊椎动物红色名录：无危（LC）

国家重点保护野生动物名录：未列入

CITES：未列入

灰斑鸠

Streptopelia decaocto Eurasian Collared Dove

外形特征： 中等体型的褐灰色斑鸠，体长约 32 厘米。明显特征为后颈部具黑白色半领圈。其较山斑鸠及体型小的粉色火斑鸠颜色浅而多灰。

虹膜为褐色；嘴为灰色；脚为粉红色。

分布范围： 广布于亚欧大陆及北非。

区内状况： 本地为留鸟。常见于保护区林地，取食于地面。

濒危等级： 中国脊椎动物红色名录：无危（LC）

国家重点保护野生动物名录：未列入

CITES：未列入

蓑羽鹤

Grus virgo Demoiselle Crane

外形特征： 体型略小而优雅的蓝灰色鹤，体长约 105 厘米。头顶为白色，有白色丝状长羽的耳羽簇，与偏黑色的头、颈及修长的胸羽呈明显对比。三级飞羽形长但不浓密，不足覆盖尾部。胸部的黑色羽较灰鹤的更长、更垂。

雄鸟的虹膜为红色，雌鸟的虹膜为橘黄色；嘴为黄绿色；脚为黑色。

分布范围： 繁殖于亚欧大陆，越冬于印度及非洲中部地区。

区内状况： 2017 年前为在苑留鸟。

濒危等级： 中国脊椎动物红色名录：无危（LC）

国家重点保护野生动物名录：二级

CITES：附录Ⅱ

灰鹤

Grus grus Common Crane

外形特征： 体型中等的灰色鹤，体长约 125 厘米。前顶冠为黑色，中心为红色，头及颈为深青灰色。眼后有一道宽的白色条纹伸至颈背。体羽余部为灰色，背部及长而密的三级飞羽略沾褐色。

虹膜为褐色；嘴为污绿色，嘴端偏黄；脚为黑色。

分布范围： 分布于亚欧大陆及非洲北部。

区内状况： 本地为留鸟。2019 年 9 月，1 只亚成体鸟留苑，常于保护区活动。

濒危等级： 中国脊椎动物红色名录：无危（LC）

国家重点保护野生动物名录：二级

CITES：附录Ⅱ

白胸苦恶鸟

Amaurornis phoenicurus White-breasted Waterhen

外形特征：体型略大的深青灰色及白色的苦恶鸟，体长约 33 厘米。头顶及上体呈灰色，脸、额、胸及上腹部为白色，下腹及尾下为棕色。

虹膜为红色；嘴为偏绿色，嘴基为红色；脚为黄色。

分布范围：广泛分布于东亚、东南亚、南亚及西亚等地区。

区内状况：本地为夏候鸟。偶见于保护区湿地水域。

濒危等级：中国脊椎动物红色名录：无危（LC）

国家重点保护野生动物名录：未列入

CITES：未列入

黑水鸡

Gallinula chloropus Common Moorhen

外形特征： 中等体型，体长约 31 厘米，黑白色，额甲为亮红色，嘴短。体羽全为青黑色，仅两胁有白色细纹以及尾下有两块白斑，尾上翘时此白斑尽显。

虹膜为红色；嘴为暗绿色，嘴基为红色；脚为绿色。

分布范围： 分布于除南极洲和大洋洲以外的各大洲，冬季北方种群南迁。

区内状况： 本地为夏候鸟。多见于保护区水域。栖水性强，常一边在水中慢慢游动，一边在水面浮游植物间翻拣找食。

濒危等级： 中国脊椎动物红色名录：无危（LC）

国家重点保护野生动物名录：未列入

CITES：未列入

白骨顶

Fulica atra Common coot

外形特征： 体型大的黑色秧鸡，体长约 40 厘米，具显眼的白色嘴及额甲。全身体羽呈深黑灰色，仅飞行时可见翼上狭窄的近白色的后缘。

虹膜为红色；嘴为白色；脚为灰绿色。

分布范围： 分布于欧洲，非洲北部，东亚、南亚、东南亚及澳大利亚等地区。

区内状况： 本地为夏候鸟。多藏身于有芦苇的水面。

濒危等级： 中国脊椎动物红色名录：无危（LC）

国家重点保护野生动物名录：未列入

CITES：未列入

扇尾沙锥

Gallinago gallinago Common Snipe

外形特征： 中等体型的沙锥，体长约 26 厘米。两翼细而尖，嘴长；脸皮为黄色，眼部上下条纹及贯眼纹色深；上体呈深褐色，具白及黑色的细纹及蠹斑；下体呈淡皮黄色，具褐色纵纹。色彩与大沙锥、澳南沙锥及针尾沙锥相似，但扇尾沙锥的次级飞羽具白色宽后缘，翼下具白色宽横纹，飞行较迅速、较高、较不稳健，并常发出急叫声。皮黄色眉线与浅色脸颊成对比。肩羽边缘呈浅色，比内缘宽。肩部线条较居中，线条为浅色。

虹膜为褐色；嘴为褐色；脚为橄榄色。

分布范围： 在亚欧大陆北部繁殖，在繁殖地南方越冬。

区内状况： 本地为过路鸟。偶见于保护区浅水域或者沼泽边。

濒危等级： 中国脊椎动物红色名录：无危（LC）

国家重点保护野生动物名录：未列入

CITES：未列入

黑尾塍鹬

Limosa limosa Black-tailed Godwit

外形特征：体型大、长腿、长嘴的涉禽，体长约 42 厘米。似斑尾塍鹬，但体型较大，嘴不上翘，过眼线明显，上体杂斑少，尾前半部近黑色，腰及尾基为白色。白色的翼上横斑明显；亚种 *melanuroides* 的翼斑较窄，而罕见的指名亚种的翼斑较宽。

虹膜为褐色；嘴基为粉色；脚为绿灰色。

分布范围：广泛繁殖于亚欧大陆北部，越冬于亚欧大陆及大洋洲的中低纬度地区。

区内状况：本地为过路鸟。偶见于保护区湿地。

濒危等级：中国脊椎动物红色名录：无危（LC）

国家重点保护野生动物名录：未列入

CITES：未列入

● 鸻形目（CHARADRIIFORMES） 鹬科（Scolopacidae）

小杓鹬

Numenius minutus Little Curlew

外形特征： 体型纤小的杓鹬，体长约 30 厘米。嘴中等长度而略向下弯，皮黄色的眉纹粗重。与中杓鹬的区别在于体型较小，嘴较短、较直。腰无白色。落地时两翼上举。

虹膜为褐色；嘴为褐色，嘴基明显呈粉红色；脚为蓝灰色。

分布范围： 繁殖于亚洲东北部的高纬度地区，越冬于澳大利亚北部。

区内状况： 本地为过路鸟。偶见于保护区湿地。

濒危等级： 中国脊椎动物红色名录：无危（LC）

国家重点保护野生动物名录：二级

CITES：未列入

中杓鹬

Numenius phaeopus Whimbrel

外形特征：体型偏小的杓鹬，体长约43厘米。眉纹色浅，具黑色顶纹，嘴长而下弯。似白腰杓鹬但体型小许多，嘴也相应短。虹膜为褐色；嘴为黑色；脚为蓝灰色。

分布范围：繁殖于北半球中高纬度地区，在北半球低纬度地区至南半球的沿海地区越冬。

区内状况：本地为过境鸟。偶见于保护区湿地。

濒危等级：中国脊椎动物红色名录：无危（LC）
国家重点保护野生动物名录：未列入
CITES：未列入

白腰杓鹬

Numenius arquata Eurasian Curlew

外形特征：体型大的杓鹬，体长约55厘米。嘴甚长而下弯；腰白，颈部、胸部、腹部、两胁为灰白色，多为褐色纵纹。与大杓鹬的区别在于腰及尾较白，与中杓鹬的区别在于体型较大，头部无图纹，嘴相应较长。

虹膜为褐色；嘴为褐色；脚为青灰色。

分布范围：繁殖于亚欧大陆中高纬度地区，越冬于非洲及亚欧大陆中低纬度地区。

区内状况：本地为过境鸟。偶见于保护区湿地。

濒危等级：中国脊椎动物红色名录：近危（NT）

国家重点保护野生动物名录：二级

CITES：未列入

大杓鹬

Numenius madagascariensis Far Eastern Curlew

外形特征： 体型硕大的杓鹬，体长约63厘米。嘴甚长而下弯；比白腰杓鹬色深、褐色重，下背及尾呈褐色，下体呈皮黄色。飞行时展现的翼下横纹的颜色不同于白腰杓鹬。

虹膜为褐色；嘴为黑色，嘴基为粉红色；脚为灰色。

分布范围： 繁殖于亚洲东北部；越冬于东亚至大洋洲沿海地区。

区内状况： 本地为过路鸟。偶见于保护区湿地。

濒危等级： 中国脊椎动物红色名录：濒危（EN）

国家重点保护野生动物名录：二级

CITES：未列入

鹤鹬

Tringa erythropus Spotted Redshank

外形特征： 中等体型的红腿灰色涉禽，体长约 30 厘米。嘴长且直，繁殖羽为黑色具白色点斑。冬季似红脚鹬，但体型较大，灰色较深，嘴较长且细，嘴基红色区域较少。两翼色深并具白色点斑，过眼纹明显。飞行时，鹤鹬与红脚鹬的区别在于后缘缺少白色横纹，脚伸出尾后较长。

虹膜为褐色；嘴为黑色，嘴基红色；脚为橘黄色。

分布范围： 繁殖于亚欧大陆北部；主要越冬于非洲中部及北部，南亚以及东南亚。

区内状况： 本地为过路鸟。偶见于保护区水域。

濒危等级： 中国脊椎动物红色名录：无危（LC）

国家重点保护野生动物名录：未列入

CITES：未列入

泽鹬

Tringa stagnatilis Marsh Sandpiper

外形特征： 中等体型的纤细型鹬类，体长约23厘米。额白，嘴黑而细直，腿长而偏绿色。两翼及尾近黑，眉纹较浅。上体为灰褐色，腰及下背呈白色，下体呈白色。与青脚鹬的区别在于体型较小，额部色浅，腿长且细，嘴较细而直。虹膜为褐色；嘴为黑色；脚为偏绿色。

分布范围： 繁殖于亚欧大陆中部，越冬于除美洲外的中低纬度地区。

区内状况： 本地为过路鸟。偶见于保护区水域。

濒危等级： 中国脊椎动物红色名录：无危（LC）

国家重点保护野生动物名录：未列入

CITES：未列入

● 鸻形目（CHARADRIIFORMES） 鹬科（Scolopacidae）

青脚鹬

Tringa nebularia Common Greenshank

外形特征： 中等体型的偏灰色鹬，体长约32厘米。长腿近绿色，灰色的嘴长而粗且略向上翻。站立时：上体呈灰褐色具杂色斑纹，翼尖及尾部横斑近黑；下体呈白色，喉、胸及两胁具褐色纵纹。背部的白色长条于飞行时尤为明显。翼下具深色细纹（小青脚鹬为白色）。与泽鹬的区别在于体型较大，腿相应较短，叫声独特。

虹膜为褐色；嘴为灰色，端黑；脚为黄绿色。

分布范围： 广泛繁殖于亚欧大陆北部，越冬于除南美洲、北美洲外的中低纬度地区。

区内状况： 本地为过路鸟。偶见于保护区水域。

濒危等级： 中国脊椎动物红色名录：无危（LC）

国家重点保护野生动物名录：未列入

CITES：未列入

白腰草鹬

Tringa ochropus Green Sandpiper

外形特征： 中等体型，体长约 23 厘米，矮壮，深褐色，腹部及臀部为白色。飞行时黑色的下翼、白色的腰部以及尾部的横斑极明显。上体绿褐色杂白点；两翼及下背几乎全黑；尾部为白色，端部具黑色横斑。飞行时脚伸至尾后。野外看黑白色非常明显。与林鹬的区别在于近绿色的腿较短，外型较矮壮，下体斑点少，翼下颜色深。

虹膜为褐色；嘴为暗橄榄色；脚为橄榄绿色。

分布范围： 繁殖于亚欧大陆北部，越冬于非洲及亚欧大陆的中低纬度地区。

区内状况： 本地为夏候鸟。常见于保护区浅水域。

濒危等级： 中国脊椎动物红色名录：无危（LC）

国家重点保护野生动物名录：未列入

CITES：未列入

林鹬

Tringa glareola Wood Sandpiper

外形特征： 体型略小，体长约 20 厘米，纤细，背部为褐灰色，腹部及臀偏白，腰为白色。上体为灰褐色而具斑点；眉纹长，为白色；尾为白色而具褐色横斑。飞行时尾部的横斑、白色的腰部及下翼，以及翼上无横纹为其特征。脚远伸于尾后。与白腰草鹬的区别在于腿较长，黄色较深，翼下色浅，眉纹长，外形纤细。

虹膜为褐色；嘴为黑色；脚为淡黄至橄榄绿色。

分布范围： 繁殖于亚欧大陆北部；越冬于非洲、南亚、东南亚和澳大利亚。

区内状况： 本地为过路鸟。偶见于保护区水域。

濒危等级： 中国脊椎动物红色名录：无危（LC）

国家重点保护野生动物名录：未列入

CITES：未列入

矶鹬

Actitis hypoleucos Common Sandpiper

外形特征： 体型略小的褐色及白色鹬，体长约20厘米。嘴短，性活跃，翼不及尾。上体为褐色，飞羽近黑色；下体为白色，胸侧具褐灰色斑块。特征为飞行时翼上具白色横纹，腰无白色，外侧尾羽无白色横斑。翼下具黑色及白色横纹。虹膜为褐色；嘴为深灰色；脚为浅橄榄绿色。

分布范围： 繁殖于亚欧大陆中部及北部，越冬于非洲、亚洲及大洋洲。

区内状况： 本地为过路鸟。偶见于保护区水域。

濒危等级： 中国脊椎动物红色名录：无危（LC）

国家重点保护野生动物名录：未列入

CITES：未列入

红颈滨鹬

Calidris ruficollis　Red-necked Stint

外形特征： 体型小的灰褐色滨鹬，体长约15厘米。腿为黑色，上体色浅而具纵纹。冬羽上体为灰褐色，多具杂斑及纵纹；眉线白；腰的中部及尾呈深褐色；尾侧白；下体白。春夏季时头顶、颈的体羽及翅上覆羽为棕色。与长趾滨鹬的区别在于灰色较深而羽色单调，腿为黑色。与小滨鹬的区别在于嘴较粗厚，腿较短而两翼较长。

虹膜为褐色；嘴为黑色；脚为黑色。

分布范围： 繁殖于东西伯利亚的极北区域，越冬于亚洲南部至大洋洲沿海地区。

区内状况： 本地为过路鸟。偶见于保护区水域。

濒危等级： 中国脊椎动物红色名录：近危（NT）

国家重点保护野生动物名录：未列入

CITES：未列入

长趾滨鹬

Calidris subminuta Long-toed Stint

外形特征：体型小的灰褐色滨鹬，体长约14厘米。上体具黑色粗纵纹，腿为绿黄色。头顶为褐色，白色眉纹明显。胸呈浅褐灰色，腹白，腰部中央及尾呈深褐色，外侧尾羽呈浅褐色。夏季鸟多为棕褐色。冬季鸟与红颈滨鹬的区别在于腿色较淡，与青脚滨鹬的区别在于上体具粗斑纹。飞行时可见模糊的翼横纹。

虹膜为深褐色；嘴为黑色；脚为绿黄色。

分布范围：繁殖于亚欧大陆北部若干个独立繁殖区，越冬于亚洲南部至澳大利亚。

区内状况：本地为过路鸟。偶见于保护区水域。

濒危等级：中国脊椎动物红色名录：无危（LC）

国家重点保护野生动物名录：未列入

CITES：未列入

弯嘴滨鹬

Calidris ferruginea Curlew Sandpiper

外形特征： 体型略小的滨鹬，体长约 21 厘米。腰部白色明显，嘴长而下弯。上体大部分为灰色，几乎无纵纹；下体为白色；眉纹、翼上横纹及尾上覆羽的横斑均为白色。夏羽胸部及通体体羽呈深棕色，颏为白色。繁殖期腰部的白色不明显。

虹膜为褐色；嘴为黑色；脚为黑色。

分布范围： 繁殖于西伯利亚的极北部，越冬于非洲南部、亚洲南部沿海和澳大利亚。

区内状况： 本地为过路鸟。偶见于保护区水域。

濒危等级： 中国脊椎动物红色名录：无危（LC）

国家重点保护野生动物名录：未列入

CITES：未列入

水雉

Hydrophasianus chirurgus Pheasant-tailed Jacana

外形特征： 体型略大、尾特长的深褐色及白色水雉，体长约 33 厘米。飞行时白色翼明显。非繁殖羽头顶、背及胸上横斑为灰褐色；颏、前颈、眉、喉及腹部为白色；两翼接近白色。黑色的贯眼纹下延至颈侧，下枕部为金黄色。初级飞羽羽尖特长，形状奇特。

虹膜为黄色；嘴为黄色 / 灰蓝色（繁殖期）；脚为棕灰色 / 偏蓝色（繁殖期）。

分布范围： 分布于东亚、东南亚、南亚等地区。

区内状况： 本地为过路鸟。偶见于保护区水域。在荷叶上行走。奔走找食，间或短距离跃飞到新的取食点。

濒危等级： 中国脊椎动物红色名录：无危（LC）

国家重点保护野生动物名录：二级

CITES：未列入

黑翅长脚鹬

Himantopus himantopus Black-winged Stilt

外形特征： 高挑、修长的黑白色鹬，体长约37厘米。细长的嘴为黑色，两翼为黑色，长长的腿为红色，体羽为白色。颈背具黑色斑块。幼鸟褐色较浓，头顶及颈背沾灰。

虹膜为粉红色；嘴为黑色；腿及脚为淡红色。

分布范围： 分布于东南亚、南亚、东亚等地。

区内状况： 本地为夏候鸟。常成小群，喜在保护区浅水沼泽地活动。

濒危等级： 中国脊椎动物红色名录：无危（LC）

国家重点保护野生动物名录：未列入

CITES：未列入

反嘴鹬

Recurvirostra avosetta Pied Avocet

外形特征： 体高的黑白色鹬，体长约 43 厘米。细长的腿灰色，黑色的嘴细长而上翘。飞行时从下面看体羽全白，仅翼尖为黑色。具黑色的翼上横纹及肩部条纹。

虹膜为褐色；嘴为黑色；脚为黑色。

分布范围： 分布于非洲、欧洲和亚洲。

区内状况： 本地为过路鸟。偶见于保护区水域。

濒危等级： 中国脊椎动物红色名录：无危（LC）

国家重点保护野生动物名录：未列入

CITES：未列入

金斑鸻

Pluvialis fulva Pacific Golden Plover

外形特征： 中等体型的健壮鸻，体长约 25 厘米。头大，嘴短、厚。冬羽为金棕色，过眼线、脸侧及下体均颜色浅。翼上无白色横纹，飞行时翼衬不成对照。繁殖期雄鸟的脸、喉、胸前及腹部均为黑色；脸周及胸侧为白色。雌鸟下体也有黑色，但不如雄鸟多。

虹膜为褐色；嘴为黑色；脚为灰色。

分布范围： 繁殖于亚洲中部至东部的极高纬度地区，主要在亚洲南部至大洋洲越冬。

区内状况： 本地为过路鸟。偶见于保护区浅水沼泽地。

濒危等级： 中国脊椎动物红色名录：无危（LC）

国家重点保护野生动物名录：未列入

CITES：未列入

长嘴剑鸻

Charadrius placidus Long-billed Plover

外形特征： 体型略大而健壮的黑、褐及白色鸻，体长约 22 厘米。略长的嘴全为黑色，尾较剑鸻及金眶鸻长，白色的翼上横纹不及剑鸻粗而明显。繁殖期体羽特征为具黑色的前顶横纹和全胸带，但贯眼纹为灰褐色而非黑色。

虹膜为褐色；嘴为黑色；脚为暗黄色。

分布范围： 繁殖于东亚东北部，在亚洲南部越冬。

区内状况： 本地为过路鸟。偶见于保护区浅水沼泽地。

濒危等级： 中国脊椎动物红色名录：无危（LC）

国家重点保护野生动物名录：未列入

CITES：未列入

● 鸻形目（CHARADRIIFORMES） 鸻科（Charadriidae）

金眶鸻

Charadrius dubius Little Ringed Plover

外形特征： 体型小的黑、灰及白色鸻，体长约 16 厘米。嘴短。与环颈鸻及马来沙鸻的区别在于具黑或褐色的全胸带，腿为黄色。与剑鸻的区别在于黄色眼圈明显，翼上无横纹。成鸟的黑色部分在亚成鸟时为褐色。飞行时翼上无白色横纹。

虹膜为褐色；嘴为灰色；脚为黄色。

分布范围： 广泛繁殖于欧洲及亚洲，在南亚和东南亚东部为留鸟，部分迁徙种群在非洲中部和亚洲南部越冬。

区内状况： 本地为过路鸟。偶见于保护区浅水沼泽地。

濒危等级： 中国脊椎动物红色名录：无危（LC）

国家重点保护野生动物名录：未列入

CITES：未列入

凤头麦鸡

Vanellus vanellus Northern Lapwing

外形特征： 体型中等略大的黑白色麦鸡，体长约 30 厘米。具长窄的黑色反翻型凤头。上体具绿黑色金属光泽；尾白而具宽的黑色次端带；头顶色深，耳羽为黑色，头侧及喉部污白；胸近黑；腹白。

虹膜为褐色；嘴为近黑色；腿及脚为橙褐色。

分布范围： 广布于亚欧大陆，冬季南迁至印度及东南亚的北部。

区内状况： 本地为过路鸟。偶见于保护区湿地泥滩。

濒危等级： 中国脊椎动物红色名录：近危（NT）

国家重点保护野生动物名录：未列入

CITES：未列入

灰头麦鸡

Vanellus cinereus Grey-headed Lapwing

外形特征： 体型大，体长约 35 厘米，颜色亮丽的黑、白及灰色麦鸡。头及胸为灰色；背为褐色；翼尖、胸带及尾部横斑为黑色，翼后余部、腰、尾及腹部为白色。亚成鸟似成鸟，但褐色较浓而无黑色胸带。

虹膜为褐色；嘴为黄色，端黑；脚为黄色。

分布范围： 主要繁殖于东亚东部，在亚洲南部越冬。

区内状况： 本地为过路鸟。偶见于保护区湿地泥滩。

濒危等级： 中国脊椎动物红色名录：无危（LC）

国家重点保护野生动物名录：未列入

CITES：未列入

黑尾鸥

Larus crassirostris Black-tailed Gull

外形特征： 中等体型的鸥，体长约47厘米。两翼长窄，上体为深灰色，腰白，尾白而具宽大的黑色次端带。冬季头顶及颈背具深色斑。合拢的翼尖上具四个白色斑点。第一冬鸟身体偏褐色，脸部色浅，嘴为粉红色而端黑，尾黑，尾上覆羽白。第二年鸟似成鸟但翼尖为褐色，尾上黑色较多。虹膜为黄色；嘴为黄色，嘴尖为红色，继以黑色环带；脚为绿黄色。

分布范围： 繁殖于东亚的近海岛屿，南迁越冬。

区内状况： 本地为过路鸟。偶见单独于保护区水域上空飞行。

濒危等级： 中国脊椎动物红色名录：无危（LC）

国家重点保护野生动物名录：未列入

CITES：未列入

海鸥

Larus canus Mew Gull

外形特征： 中等体型的鸥，体长约 45 厘米。腿及无斑环的细嘴呈绿黄色，尾白。初级飞羽羽尖为白色，具大块的白色翼镜。冬季头及颈部散布褐色细纹，有时嘴尖有黑色。第一冬鸟尾具黑色次端带，头、颈、胸及两肋具浓密的褐色纵纹，上体具褐斑。第二年鸟似成鸟但头上褐色较深，翼尖黑而翼镜小。

虹膜为黄色；嘴为绿黄色；脚为绿黄色。

分布范围： 繁殖于亚欧大陆和北美洲西北部。

区内状况： 本地为过路鸟。偶见单独于保护区水域上空飞行。

濒危等级： 中国脊椎动物红色名录：无危（LC）

国家重点保护野生动物名录：未列入

CITES：未列入

红嘴鸥

Chroicocephalus ridibundus Common Black-Headed Gull

外形特征：中等体型的灰色及白色鸥，体长约 40 厘米。冬季眼后具黑色点斑，嘴及脚为红色，夏季深褐色的头罩延伸至顶后，于繁殖期延至白色的后颈。翼前缘为白色，翼尖的黑色区域并不长，翼尖无或者有少量白色点斑。第一冬鸟尾近尖端处具黑色横带，翼后缘为黑色，体羽有杂褐色斑。虹膜为褐色；嘴为红色（亚成鸟嘴尖为黑色）；脚为红色（亚成鸟颜色较淡）。

分布范围：分布于欧洲，中亚和非洲北部。

区内状况：本地为过路鸟。偶见单独于保护区上空飞行。

濒危等级：中国脊椎动物红色名录：无危（LC）

国家重点保护野生动物名录：未列入

CITES：未列入

● 鸻形目（CHARADRIIFORMES）　鸥科（Laridae）

普通燕鸥

Sterna hirundo　Common Tern

外形特征： 体型略小、头顶呈黑色的燕鸥，体长约 35 厘米。尾呈深叉型。繁殖期整个头顶为黑色，胸为灰色。非繁殖期上翼及背为灰色，尾上覆羽、腰及尾为白色，额白，头顶具黑色及白色杂斑，颈背最黑，下体白。飞行时，非繁殖期成鸟及亚成鸟的特征为前翼具近黑的横纹，外侧尾羽羽缘近黑。第一冬鸟上体的褐色浓重，上背具鳞状斑。虹膜为褐色；嘴冬季为黑色，夏季嘴基为红色；脚偏红，冬季较暗。

分布范围： 分布于世界各地，主要繁殖于北半球海岸和湖泊；冬季南迁至南美洲、非洲、印度洋、印度尼西亚及澳大利亚。

区内状况： 本地为过路鸟。偶见单独于保护区上空飞行。

濒危等级： 中国脊椎动物红色名录：无危（LC）
国家重点保护野生动物名录：未列入
CITES：未列入

白额燕鸥

Sternula albifrons Little Tern

外形特征： 体型小的浅色燕鸥，体长约 24 厘米。尾开叉浅。夏季头顶、颈背及过眼线为黑色，额白。冬季头顶及颈背黑色区域减小至月牙形，翼前缘为黑色，后缘为白色。幼鸟似非繁殖期成鸟但头顶及上背具褐色杂斑，尾呈白色而尾端呈褐色，嘴暗淡。

虹膜为褐色；嘴为黄色，具黑色嘴端（夏季），或为黑色；脚为黄色。

分布范围： 仅繁殖于白令海沿岸的海滩和苔原，南迁至东南亚越冬。

区内状况： 本地为过路鸟。偶见单独于保护区上空飞行。

濒危等级： 中国脊椎动物红色名录：无危（LC）

国家重点保护野生动物名录：未列入

CITES：未列入

须浮鸥

Chlidonias hybrida　Whiskered Tern

外形特征： 体型略小的浅色燕鸥，体长约 25 厘米。腹部为深色（夏季），尾浅开叉。繁殖期额黑，胸腹为灰色。非繁殖期额白，头顶具细纹，顶后及颈背为黑色，下体白，翼、颈背、背及尾上覆羽为灰色。幼鸟似成鸟但具褐色杂斑，与非繁殖期白翅浮鸥的区别在于头顶黑，腰为灰色，无黑色颊纹。

虹膜为深褐色；嘴为红色（繁殖期）或黑色；脚为红色。

分布范围： 广泛分布于亚欧大陆中部和南部以及非洲和澳大利亚。

区内状况： 本地为过路鸟。偶见单独于保护区上空飞行。

濒危等级： 中国脊椎动物红色名录：无危（LC）

国家重点保护野生动物名录：未列入

CITES：未列入

鹗

Pandion haliaetus Osprey

外形特征：中等体型的褐、黑及白色鹰，体长约55厘米。头及下体为白色，特征为具黑色贯眼纹。上体多为暗褐色，深色的短冠羽可竖立。亚种区别在于头上白色区域大小及下体纵纹的数量不同。

虹膜为黄色；嘴为黑色，蜡膜为灰色；裸露的跗跖及脚为灰色。

分布范围：广泛分布于除南极洲外的各大洲，主要繁殖于北半球中高纬度地区。

区内状况：本地为过路鸟。偶见于苑区上空飞行。

濒危等级：中国脊椎动物红色名录：低危（LC）

国家重点保护野生动物名录：二级

CITES：未列入

凤头蜂鹰

Pernis ptilorhynchus Oriental Honey-Buzzard

外形特征： 体型略大的深色鹰，体长约58厘米。凤头或有或无。两亚种均有浅色、中间色及深色型，各似鹰雕及鵟。上体由白至赤褐至深褐色，下体满布点斑及横纹。所有型均具浅色喉块，缘以浓密的黑色纵纹，并常具黑色中线。飞行时的特征为头相对小而颈显长，两翼及尾均狭长；近看时眼先羽呈鳞状为其特征。

虹膜为橘黄色；嘴为灰色；脚为黄色。

分布范围： 繁殖于东亚北部，在南亚及东南亚为留鸟或越冬。

区内状况： 本地为过路鸟。偶见于苑区上空飞行。

濒危等级： 中国脊椎动物红色名录：低危（LC）

国家重点保护野生动物名录：二级

CITES：未列入

黑鸢

Milvus migrans Black Kite

外形特征： 体型略大的深褐色猛禽，体长约65厘米。尾略显分叉，飞行时初级飞羽基部具明显的浅色次端斑纹。似黑鸢但耳羽为黑色，体型较大，翼上斑块较白。

虹膜为褐色；嘴为灰色，蜡膜为蓝灰色；脚为灰色。

分布范围： 亚洲北部至日本。

区内状况： 本地为过路鸟。偶见于苑区上空飞行。

濒危等级： 中国脊椎动物红色名录：无危（LC）

国家重点保护野生动物名录：未列入

CITES：未列入

白尾鹞

Circus cyaneus Hen Harrier

外形特征： 体型略大的灰色及褐色鹞，体长约 50 厘米。雄鸟具显眼的白色腰部及黑色翼尖。体型比乌灰鹞大，也比草原鹞大且色彩较深。没有乌灰鹞次级飞羽上的黑色横斑，黑色翼尖比草原鹞长。雌鸟为褐色，与乌灰鹞的区别在于领环色浅，头部色彩淡且翼下覆羽毛无赤褐色横斑；与草原鹞的区别在于深色的后翼缘延伸至翼尖，次级飞羽色浅，上胸具纵纹。

虹膜为浅褐色；嘴为灰色；脚为黄色。

分布范围： 繁殖于古北界北部，在繁殖地南方越冬。

区内状况： 本地为过路鸟。偶见于苑区上空飞行。

濒危等级： 中国脊椎动物红色名录：无危（LC）

国家重点保护野生动物名录：二级

CITES：未列入

雀鹰

Accipiter Nisus Eurasian Sparrowhawk

外形特征： 中等体型而翼短的鹰，雄鸟体长约 32 厘米，雌鸟体长约 38 厘米。雄鸟上体为褐灰色，白色的下体上多具棕色横纹，尾具横带。脸颊呈棕色为识别特征。雌鸟体型较大，上体为褐色，下体为白色，胸、腹部及腿上具灰褐色横斑，无喉中线，脸颊棕色较少。亚成鸟与 *Accipiter* 属其他鹰类的亚成鸟的区别在于胸部具褐色横斑而无纵纹。

虹膜为艳黄色；嘴为角质色，端黑；脚为黄色。

分布范围： 分布于亚欧大陆及非洲北部。

区内状况： 本地为过路鸟。偶见于苑区上空飞行。

濒危等级： 中国脊椎动物红色名录：无危（LC）

国家重点保护野生动物名录：二级

CITES：附录Ⅱ

苍鹰

Accipiter gentilis　Northern Goshawk

外形特征： 体型大而强健的鹰，体长约56厘米。无冠羽或喉中线，具白色的宽眉纹。成鸟下体为白色，具粉褐色横斑，上体为青灰色。幼鸟上体褐色浓重，羽缘色浅且成鳞状纹，下体具偏黑色粗纵纹。

成鸟的虹膜为红色，幼鸟的虹膜为黄色；嘴为角质灰色；脚为黄色。

分布范围： 北美洲、亚欧大陆和北非。

区内状况： 本地为过路鸟。偶见于苑区上空飞行。

濒危等级： 中国脊椎动物红色名录：无危（LC）

国家重点保护野生动物名录：二级

CITES：附录Ⅱ

普通鵟

Buteo buteo Eastern Buzzard

外形特征： 体型略大的红褐色鵟，体长约 55 厘米。上体为深红褐色，脸侧为皮黄色且具近红色细纹，栗色的髭纹明显；下体偏白，具棕色纵纹，两胁及大腿沾棕色。飞行时两翼宽而圆，初级飞羽基部具特征性白色块斑。尾近端处常具黑色横纹。在高空翱翔时两翼略呈“V”形。

虹膜为黄色至褐色；嘴为灰色，端黑，蜡膜为黄色；脚为黄色。

分布范围： 分布于亚欧大陆及非洲。

区内状况： 本地为留鸟。常见在林间静立，伺机寻找猎物，或见盘旋于空中。

濒危等级： 中国脊椎动物红色名录：低危（LC）

国家重点保护野生动物名录：二级

CITES：附录Ⅱ

红隼

Falco tinnunculus Common Kestrel

外形特征： 体型小的赤褐色隼，体长约 33 厘米。雄鸟头顶及颈背为灰色；尾为蓝灰色，无横斑；上体为赤褐色，略具黑色横斑；下体为皮黄色，具黑色纵纹。雌鸟体型略大，上体全为褐色，比雄鸟少赤褐色而多粗横斑。亚成鸟似雌鸟，但纵纹较重。与黄爪隼的区别在于尾呈圆形，体型较大，具髭纹，雄鸟背上具点斑，下体纵纹较多，脸颊色浅。虹膜为褐色；嘴为灰色，端黑，蜡膜为黄色；脚为黄色。

分布范围： 广泛分布于非洲 、亚欧大陆，越冬于东南亚。

区内状况： 本地为留鸟，常见于保护区上空飞行。

濒危等级： 中国脊椎动物红色名录：无危（LC）

国家重点保护野生动物名录：二级

CITES：附录Ⅱ

红脚隼

Falco vespertinus Amur Falcon

外形特征： 体型小的灰色隼，体长约 30 厘米。臀部为棕色。翼下覆羽及腋羽呈暗灰色而非白色。雌鸟上体偏褐色，头顶为棕红，下体具稀疏的黑色纵纹。眼区近黑，颏、眼下有斑块，领环偏白。两翼及尾为灰色，尾下具横斑。翼下覆羽为褐色。幼鸟下体偏白而具粗大纵纹，翼下黑色横斑均匀，眼下的黑色条纹似燕隼。

虹膜为褐色；嘴为灰色，蜡膜为橙红色；脚为橙红色。

分布范围： 繁殖于欧洲东部至亚洲中部，在非洲南端越冬。

区内状况： 本地为过路鸟，偶见于保护区上空飞行。

濒危等级： 中国脊椎动物红色名录：无危（LC）

国家重点保护野生动物名录：二级

CITES：附录Ⅱ

燕隼

Falco Subbuteo Eurasian Hobby

外形特征： 体型小的隼，体长约 30 厘米。翼长，腿及臀为棕色，上体为深灰色，胸乳白且具黑色纵纹。雌鸟体型比雄鸟大且多褐色，腿及尾下覆羽细纹较多。与猛隼的区别在于胸偏白。

虹膜为褐色；嘴为灰色，蜡膜为黄色；脚为黄色。

分布范围： 繁殖于亚欧大陆大部分地区，越冬于非洲南部和东南亚。

区内状况： 本地为过路鸟，偶见于飞行中捕捉昆虫及鸟类，飞行速度快，飞行高度可至海拔 2000 米。

濒危等级： 中国脊椎动物红色名录：无危（LC）

国家重点保护野生动物名录：二级

CITES：附录Ⅱ

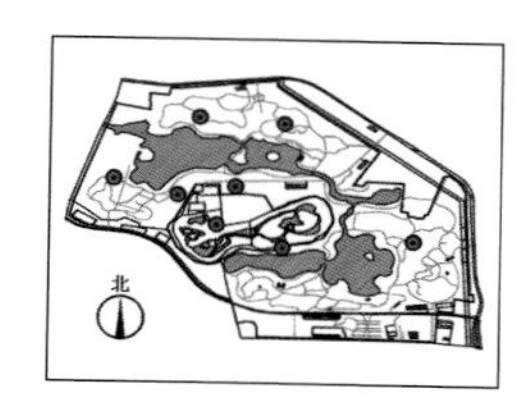

游隼

Falco peregrinus Peregrine Falcon

外形特征： 体型大而强壮的深色隼，体长约 45 厘米。成鸟头顶及脸颊近黑或具黑色条纹；上体为深灰色，具黑色点斑及横纹；下体白，胸具黑色纵纹，腹部、腿及尾下多具黑色横斑。雌鸟比雄鸟体大。亚成鸟褐色浓重，腹部具纵纹。

虹膜为黑色；嘴为灰色，蜡膜为黄色；腿及脚为黄色。

分布范围： 几乎遍及世界各地。

区内状况： 本地为留鸟，常见于保护区上空飞行。

濒危等级： 中国脊椎动物红色名录：无危（LC）

国家重点保护野生动物名录：二级

CITES：附录Ⅱ

小䴙䴘

Tachybaptus ruficollis Little Grebe

外形特征： 体型小，体长约 27 厘米，矮扁。繁殖羽喉及颈前部为红褐色，头顶及颈背为深褐色，上体为深灰色，下体为浅灰色，具明显黄色嘴斑。非繁殖羽上体为灰褐色，颈前部无红褐色。尾羽退化，翅短，腿短。

虹膜为黄色；嘴为黑色；脚为蓝灰，趾尖为浅色。

分布范围： 广布于亚欧大陆和非洲。

区内状况： 在本地为夏候鸟。通常单独或小群分散活动。夏天在麋鹿苑文化桥附近的水域繁殖。

濒危等级： 中国脊椎动物红色名录：无危（LC）

国家重点保护野生动物名录：未列入

CITES：未列入

凤头䴙䴘

Podiceps cristatus Great Crested Grebe

外形特征：体型大、外形优雅的䴙䴘，体长约 50 厘米。颈修长，颈前部为灰白色，颈后部为深灰色，具显著的深色羽冠，下体偏白色，上体为深灰色。繁殖期成鸟颈背具鬃毛状饰羽，基部是棕栗色，端部是黑色。脸侧白色延伸过眼。虹膜近红色；嘴为黄色，下颚基部带红色，嘴峰近黑；脚近黑。

分布范围：广布于欧洲、亚洲、非洲和大洋洲。

区内状况：本地为夏候鸟。见于保护区中，常单独活动。

濒危等级：中国脊椎动物红色名录：无危（LC）

国家重点保护野生动物名录：未列入

CITES：未列入

角鸊鷉

Podiceps auritus Horned Grebe

外形特征：中等体型，体长约 33 厘米，身体紧实，略具冠羽。繁殖羽有清晰的橙黄色过眼纹及冠羽，与黑色头成对比并延伸过颈背，前颈及两胁为深栗色，上体多黑色。与黑颈鸊鷉相比嘴不上翘，头略大而平。飞行时与黑颈鸊鷉的区别在于翼覆羽。偏白色的嘴尖有别于其他鸊鷉，但似体型较小的小鸊鷉。

虹膜为红色，眼圈为白色；嘴为黑色，嘴端偏白；脚为黑蓝色或灰色。

分布范围：分布于亚欧大陆和北美洲。

区内状况：本地为过路鸟。偶见于保护区水域，单独活动。

濒危等级：中国脊椎动物红色名录：易危（VU）

国家重点保护野生动物名录：二级

CITES：未列入

黑颈䴙䴘

Podiceps nigricollis　Black-necked Grebe

外形特征： 中等体型的䴙䴘，体长约 30 厘米。繁殖期成鸟具松软的黄色耳簇，耳簇延伸至耳羽后，前颈为黑色，嘴较角䴙䴘上扬。冬羽与角䴙䴘的区别在于嘴全为深色，且深色的顶冠延至眼下。颏部的白色延伸至眼后呈月牙形，飞行时无白色翼覆羽。幼鸟似冬季成鸟，但褐色较重，胸部具深色带，眼圈为白色。

虹膜为红色；嘴为黑色；脚为灰黑色。

分布范围： 分布于亚欧大陆、北美洲和非洲。

区内状况： 本地为过路鸟。偶见于保护区中，单独活动。

濒危等级： 中国脊椎动物红色名录：无危（LC）

国家重点保护野生动物名录：二级

CITES：未列入

普通鸬鹚

Phalacrocorax carbo Great Cormorant

外形特征： 体型大的鸬鹚，体长约 90 厘米。嘴厚重，脸颊及喉为白色。繁殖期颈及头有白色丝状羽，两胁具白色斑块。亚成鸟为深褐色，下体污白。

虹膜为蓝色；嘴为黑色，下嘴基裸露皮肤为黄色；脚为黑色。

分布范围： 分布于欧洲、亚洲、非洲、北美洲地区。

区内状况： 本地为冬候鸟，每年 9 月左右来苑，常见于西保护区湿地或荷花池附近，以湿地中的鱼类为食。

濒危等级： 中国脊椎动物红色名录：无危（LC）

国家重点保护野生动物名录：未列入

CITES：未列入

白鹭

Egretta garzetta Little Egret

外形特征： 中等体型的白色鹭，体长约 60 厘米。繁殖羽体白，颈背具细长饰羽，背及胸具蓑状羽。头、颈、胸沾橙黄，虹膜、嘴、腿及眼先短期呈亮红色，余时橙黄。非繁殖羽体白，仅部分鸟额部沾橙黄。

嘴及腿为黑色，趾为黄色。

分布范围： 广泛分布于非洲、亚欧大陆、大洋洲。

区内状况： 本地为夏候鸟。在保护区的水边活动，常与牛背鹭混群，伴随麋鹿群活动。

濒危等级： 中国脊椎动物红色名录：无危（LC）

国家重点保护野生动物名录：未列入

CITES：未列入

苍鹭

Ardea cinerea Grey Heron

外形特征： 体型大的白、灰及黑色鹭，体长约 92 厘米。成鸟：过眼纹及冠羽为黑色，飞羽、翼角及两道胸斑为黑色，头、颈、胸及背为白色，颈具黑色纵纹，余部为灰色。幼鸟的头及颈灰色较重，但无黑色。

虹膜为黄色；嘴为黄绿色；脚偏黑。

分布范围： 分布于亚欧大陆至非洲大陆。

区内状况： 本地为留鸟。春季在苑内繁殖，喜在湿地或湿地浅水区捕食。冬季集群在东保护区围挡边休息。

濒危等级： 中国脊椎动物红色名录：无危（LC）

国家重点保护野生动物名录：未列入

CITES：未列入

草鹭

Ardea purpurea Purple Heron

外形特征：体型大的灰、栗及黑色鹭，体长约80厘米。特征为顶冠为黑色并具两道饰羽，颈棕色且颈侧具黑色纵纹。背及覆羽为灰色，飞羽为黑，其余体羽为红褐色。

虹膜为黄色；嘴为褐色；脚为红褐色。

分布范围：广布于亚欧大陆南部至非洲大陆。

区内状况：本地为过路鸟。偶见于有芦苇的浅水中，低歪着头伺机捕鱼及其他食物。

濒危等级：中国脊椎动物红色名录：无危（LC）

国家重点保护野生动物名录：未列入

CITES：未列入

大白鹭

Ardea alba　Great Egret

外形特征： 体型大的白色鹭，体长约95厘米，比其他白色鹭的体型大许多，嘴较厚重，颈部具特别的扭结。繁殖羽脸颊裸露的皮肤为蓝绿色，嘴为黑色，腿部裸露的皮肤为红色，脚为黑色。非繁殖羽脸颊裸露的皮肤为黄色，嘴为黄色，嘴端常为深色，脚及腿为黑色。

分布范围： 几乎遍及全世界。

区内状况： 本地为夏候鸟。一般单独或成小群，偶与白鹭、牛背鹭混群，在保护区浅水地带活动。

濒危等级： 中国脊椎动物红色名录：无危（LC）
国家重点保护野生动物名录：未列入
CITES：未列入

中白鹭

Ardea intermedia Intermediate Egret

外形特征： 体型大的白色鹭，体长约 69 厘米。体型大小在白鹭与大白鹭之间，嘴相对短，颈呈“S”形。繁殖羽时其背及胸部有松软的长丝状羽，嘴及腿短期呈粉红色，脸部的裸露皮肤为灰色。

虹膜为黄色；嘴为黄色，端褐色；腿及脚为黑色。

分布范围： 广布于非洲、东亚、南亚、东南亚至大洋洲。

区内状况： 本地为夏候鸟，常于 8 月飞来。喜在保护区水边活动，常与其他鹭类混群，觅食小鱼、虾、蛙类及昆虫。

濒危等级： 中国脊椎动物红色名录：无危（LC）

国家重点保护野生动物名录：未列入

CITES：未列入

牛背鹭

Bubulcus coromandus Eastern Cattle Egret

外形特征： 体型略小的白色鹭，体长约50厘米。繁殖羽体白，头、颈、胸沾橙黄；虹膜、嘴、腿及眼先短期呈亮红色，余时为橙黄色。非繁殖羽体白，仅部分鸟额部沾橙黄色。与其他鹭的区别在于体型较粗壮，颈较短而头圆，嘴较短、厚。

分布范围： 广布于除南极洲外的各个大陆。

区内状况： 本地为夏候鸟。常围绕麋鹿周围。

濒危等级： 中国脊椎动物红色名录：无危（LC）

国家重点保护野生动物名录：未列入

CITES：未列入

池鹭

Ardeola bacchus Chinese Pond Heron

外形特征： 体型略小、翼为白色、身体具褐色纵纹的鹭，体长约47厘米。繁殖羽头及颈为深栗色，胸为紫酱色。冬季站立时具褐色纵纹，飞行时体白而背部为深褐色。

虹膜为褐色；嘴为黄色（冬季）；腿及脚为绿灰色。

分布范围： 分布于东亚至东南亚。

区内状况： 本地为夏候鸟。于湿地边或其他漫水地带单独或成分散小群进食。

濒危等级： 中国脊椎动物红色名录：无危（LC）

国家重点保护野生动物名录：未列入

CITES：未列入

绿鹭

Butorides striata Striated Heron

外形特征： 体型小的深灰色鹭，体长约 43 厘米。成鸟顶冠及松软的长冠羽闪有绿黑色光泽，一道黑色线从嘴基部过眼下及脸颊延至枕后。两翼及尾为青蓝色并具绿色光泽，羽缘为皮黄色。腹部为粉灰色，颏白。雌鸟体型比雄鸟略小。虹膜为黄色；嘴为黑色；脚偏绿。

分布范围： 广布于热带至温带地区。

区内状况： 本地为过路鸟。性孤僻羞怯。偶见栖于保护区芦苇地、灌丛等有浓密覆盖物的地方。

濒危等级： 中国脊椎动物红色名录：无危（LC）
国家重点保护野生动物名录：未列入
CITES：未列入

夜鹭

Nycticorax nycticorax Black-crowned Night Heron

外形特征： 中等体型、头大而体壮的黑白色鹭，体长约 61 厘米。成鸟顶冠为黑色，颈及胸白，颈背具两条白色丝状羽，背黑，两翼及尾为灰色。雌鸟体型较雄鸟小。繁殖期腿及眼先呈红色。亚成鸟具褐色纵纹及点斑。

分布范围： 广泛分布于亚欧大陆、非洲大陆及美洲大陆。

区内状况： 本地为留鸟。白天群栖树上休息。黄昏时鸟群分散进食。取食于保护区水域。

濒危等级： 中国脊椎动物红色名录：无危（LC）
国家重点保护野生动物名录：未列入
CITES：未列入

黄苇鳽

Ixobrychus sinensis Yellow Bittern

外形特征： 体型小的皮黄色及黑色苇鳽，体长约32厘米。成鸟顶冠为黑色，上体为淡黄褐色，下体为皮黄色，黑色的飞羽与皮黄色的覆羽形成强烈对比。亚成鸟似成鸟但褐色较浓，全身满布纵纹，两翼及尾呈黑色。

分布范围： 广泛分布于亚洲各地。

区内状况： 本地为夏候鸟。于湿地边的浓密芦苇从活动。

濒危等级： 中国脊椎动物红色名录：无危（LC）

国家重点保护野生动物名录：未列入

CITES：未列入

紫背苇鳽

Ixobrychus eurhythmus Von Schrenck's Bittern

外形特征：体型小的深褐色苇鳽，体长约33厘米。雄鸟头顶为黑色，上体为紫栗色，下体具皮黄色纵纹，喉及胸有深色纵纹形成的中线，雌鸟及亚成鸟褐色较重，上体具黑白色及褐色杂点，下体具纵纹。飞行时翼下为灰色是其特征。

分布范围：分布于东亚至东南亚。

区内状况：本地为过路鸟。于浓密芦苇丛活动。

濒危等级：中国脊椎动物红色名录：无危（LC）
国家重点保护野生动物名录：未列入
CITES：未列入

栗苇鳽

Ixobrychus cinnamomeus Cinnamon Bittern

外形特征： 体型略小的橙褐色苇鳽，体长约 41 厘米。成年雄鸟上体为栗色，下体为黄褐色，喉及胸具由黑色纵纹组成的中线，两胁具黑色纵纹，颈侧具偏白色纵纹。雌鸟颜色暗，褐色较浓。亚成鸟下体具纵纹及横斑，上体具点斑。

分布范围： 分布于东亚、南亚及东南亚。

区内状况： 本地为过路鸟。于浓密芦苇丛活动。

濒危等级： 中国脊椎动物红色名录：无危（LC）
国家重点保护野生动物名录：未列入
CITES：未列入

大麻鳽

Botaurus stellaris Great Bittern

外形特征： 体型大的金褐色及黑色苇鳽，体长约 75 厘米。成鸟：顶冠为黑色，颏及喉白且其边缘接明显的黑色颊纹。头侧为金色，其余体羽多具黑色纵纹及杂斑。飞行时具褐色横斑的飞羽，与金色的覆羽及背部形成对比。

分布范围： 广泛分布于亚欧大陆及非洲。

区内状况： 本地为过路鸟。性隐蔽，隐蔽在水边芦苇丛。

濒危等级： 中国脊椎动物红色名录：无危（LC）

国家重点保护野生动物名录：未列入

CITES：未列入

白琵鹭

Platalea leucorodia Eurasian Spoonbill

外形特征： 体型大的白色琵鹭，体长约 84 厘米。长长的嘴为灰色，呈琵琶形，头部裸露的部位呈黄色，自眼先至眼有黑色线。与冬季黑脸琵鹭的区别在于体型较大，脸部黑色区域少，白色羽毛延伸过嘴基，嘴色较浅。

虹膜为红色或黄色；嘴为灰色，嘴端为黄色；脚为近黑。

分布范围： 分布于亚欧大陆北部，越冬于印度和北非。

区内状况： 本地为夏候鸟。偶见于保护区水边觅食。

濒危等级： 中国脊椎动物红色名录：无危（LC）

国家重点保护野生动物名录：二级

CITES：附录Ⅱ

黑脸琵鹭

Platalea minor Black-faced Spoonbill

外形特征： 体略大的白色琵鹭，体长约76厘米。长长的嘴为灰黑色，形似琵琶。成鸟繁殖羽大部分呈白色，穗状羽冠呈黄色，胸为淡黄色。非繁殖羽黄色褪去。头后无羽冠。脸部裸露皮肤为黑色且面积较小。

虹膜为褐色；嘴为深灰色；腿及脚为黑色。

分布范围： 繁殖于朝鲜半岛，越冬于东亚及东南亚。

区内状况： 本地为过路鸟。偶见于保护区水域。

濒危等级： 中国脊椎动物红色名录：濒危（EN）

国家重点保护野生动物名录：一级

CITES：附录Ⅱ

东方白鹳

Ciconia boyciana Oriental Stork

外形特征： 体型大的大型鹳，体长约105厘米。两翼和厚直的嘴为黑色，腿为红色，眼周裸露皮肤为粉红色。飞行时黑色初级飞羽及次级飞羽与纯白色体羽呈强烈对比。与白鹳的区别在于嘴为黑色。亚成鸟为暗黄色。

分布范围： 繁殖于东北亚，越冬于东亚。

区内状况： 喜泥泞湿地、泥滩，在水中缓慢前进，嘴往两旁甩动以寻找食物。苑内有1只。

濒危等级： 中国脊椎动物红色名录：易危（EN）
国家重点保护野生动物名录：一级
CITES：附录Ⅱ

大红鹳

Phoenicopterus roseus Greater Flamingo

外形特征：体型大而甚高的偏粉色水鸟，体长约130厘米。嘴为粉红色而端黑，嘴形似靴，颈甚长，腿长，腿为红色，两翼偏红。亚成鸟为浅褐色，嘴为灰色。

虹膜为近白色；嘴为红色，端黑；脚为红色。

分布范围：分布于非洲、欧洲南部、中亚和印度西部。

区内状况：本地为过路鸟，2016年冬季见于保护区水域。

濒危等级：中国脊椎动物红色名录：无危（LC）

国家重点保护野生动物名录：未列入

CITES：附录Ⅱ

红尾伯劳

Lanius cristatus Brown Shrike

外形特征： 中等体型的淡褐色伯劳，体长约 20 厘米。喉白。成鸟前额为灰色，眉纹为白色，宽宽的眼罩为黑色，头顶及上体为褐色，下体为皮黄色。亚成鸟似成鸟但背及体侧具细小的深褐色鳞状斑纹。黑色眉毛有别于虎纹伯劳的亚成鸟。

虹膜为褐色；嘴为黑色；脚为灰黑色。

分布范围： 繁殖于东亚，冬季南迁至南亚、东南亚等地区。

区内状况： 本地为夏候鸟，常出现在小树林，捕食昆虫。

濒危等级： 中国脊椎动物红色名录：无危（LC）

国家重点保护野生动物名录：未列入

CITES：未列入

棕背伯劳

Lanius schach Long-tailed Shrike

外形特征： 体型略大而尾长的棕、黑及白色伯劳，体长约 25 厘米。成鸟额、眼纹、两翼及尾为黑色，翼有一处白色斑；头顶及颈背为灰色或灰黑色；背、腰及体侧为红褐色；颏、喉、胸及腹中心部位为白色。亚成鸟色较暗，两胁及背具横斑，头及颈背灰色较重。

虹膜为褐色；嘴及脚为黑色。

分布范围： 分布于南亚、东南亚、东亚等地。

区内状况： 本地为留鸟。多见于灌丛、树林。

濒危等级： 中国脊椎动物红色名录：无危（LC）

国家重点保护野生动物名录：未列入

CITES：未列入

楔尾伯劳

Lanius sphenocercus Chinese Grey Shrike

外形特征： 体型甚大的灰色伯劳，体长约 31 厘米。眼罩为黑色，眉纹为白色，两翼为黑色并具粗的白色横纹。比灰伯劳体型大。三枚中央尾羽为黑色，羽端具狭窄的白色，外侧尾羽为白色。

虹膜为褐色；嘴为灰色；脚为黑色。

分布范围： 分布于东亚及俄罗斯远东地区。

区内状况： 本地为留鸟。冬季多见于开阔树枝顶端。

濒危等级： 中国脊椎动物红色名录：无危（LC）

国家重点保护野生动物名录：未列入

CITES：未列入

灰喜鹊

Cyanopica cyanus Azure-winged Magpie

外形特征： 体型小而细长的灰色喜鹊，体长约 35 厘米。顶冠、耳羽及后枕为黑色，两翼为天蓝色，尾长并呈蓝色。
虹膜为褐色；嘴为黑色；脚为黑色。

分布范围： 分布于东亚大部分地区及伊比利亚半岛。

区内状况： 本地为留鸟。常结群栖于树林。

濒危等级： 中国脊椎动物红色名录：无危（LC）
国家重点保护野生动物名录：未列入
CITES：未列入

喜鹊

Pica serica Oriental Magpie

外形特征： 体型略小的鹊，体长约 45 厘米。具黑色的长尾，两翼及尾为黑色并具墨绿色金属光泽。

虹膜为褐色；嘴为黑色；脚为黑色。

分布范围： 广泛分布于亚欧大陆，北非和北美南部均有记录。

区内状况： 本地为留鸟。常见，数量多，常结小群于林间、开阔草地上活动。

濒危等级： 中国脊椎动物红色名录：无危（LC）

国家重点保护野生动物名录：未列入

CITES：未列入

达乌里寒鸦

Corvus dauuricus Daurian Jackdaw

外形特征： 体型略小的鹊色鸦，体长约 32 厘米。白色斑纹延至胸下。嘴略细，胸部白色部分较大。幼鸟体色对比不明显。与寒鸦成体的区别在于眼深色，与寒鸦幼体的区别在于耳羽具银色细纹。

虹膜为深褐色；嘴为黑色；脚为黑色。

分布范围： 主要分布于东亚。

区内状况： 本地为冬候鸟。常见于保护区的地面及开阔林区处，常与其他种类混群。

濒危等级： 中国脊椎动物红色名录：无危（LC）

国家重点保护野生动物名录：未列入

CITES：未列入

秃鼻乌鸦

Corvus frugilegus Rook

外形特征： 体型略大的黑色鸦，体长约 47 厘米。特征为嘴基部裸露皮肤为浅灰白色。幼鸟脸全被羽，头顶更显拱圆形，嘴为圆锥形且尖，腿部的垂羽松散。飞行时尾端为楔形，两翼较窄长，翼尖“手指”明显，头显突出。

虹膜为深褐色；嘴为黑色；脚为黑色。

分布范围： 广布于古北界和东洋界的北部地区。

区内状况： 本地为冬候鸟。偶见于开阔林区处，常与其他种类混群。

濒危等级： 中国脊椎动物红色名录：无危（LC）

国家重点保护野生动物名录：未列入

CITES：未列入

小嘴乌鸦

Corvus corone Carrion Crow

外形特征： 体型大的黑色鸦，体长约 50 厘米。嘴基部有黑色羽毛，额弓较低，嘴虽强劲但形显细。

虹膜为褐色；嘴为黑色；脚为黑色。

分布范围： 广布于欧洲南部，西亚至中亚和东亚，包括俄罗斯东部沿海地区。

区内状况： 本地为冬候鸟。常见于保护区开阔林区或地面处，与其他种类混群。

濒危等级： 中国脊椎动物红色名录：无危（LC）

国家重点保护野生动物名录：未列入

CITES：未列入

大嘴乌鸦

Corvus macrorhynchos　Large-billed Crow

外形特征： 体型大的闪光黑色鸦，体长约 50 厘米。嘴甚粗厚。比渡鸦体小而尾较平；与小嘴乌鸦的区别在于嘴粗厚而尾圆，头顶更显拱圆形。

虹膜为褐色；嘴为黑色；脚为黑色。

分布范围： 分布于中亚部分地区和东亚。

区内状况： 本地为冬候鸟。常见于开阔林区处，与其他种类混群。

濒危等级： 中国脊椎动物红色名录：无危（LC）

国家重点保护野生动物名录：未列入

CITES：未列入

黑枕黄鹂

Oriolus chinensis　Black-naped Oriole

外形特征： 中等体型的黄色及黑色鹂，体长约 26 厘米。过眼纹及颈背为黑色，飞羽多为黑色。雄鸟体羽余部为艳黄色。嘴较粗，颈背的黑带较宽。雌鸟的颜色较暗淡，背为橄榄黄色。亚成鸟背部为橄榄色，下体近白而具黑色纵纹。虹膜为红色；嘴为粉红色；脚为近黑。

分布范围： 分布于南亚、东南亚及东亚地区。

区内状况： 本地为过路鸟。春季常见于保护区树上。

濒危等级： 中国脊椎动物红色名录：无危（LC）
国家重点保护野生动物名录：未列入
CITES：未列入

长尾山椒鸟

pericrocotus ethologus Long-tailed Minivet

外形特征： 中等体型的黑色山椒鸟，体长约 20 厘米。具红色或黄色斑纹，尾形长。红色雄鸟与粉红山椒鸟及灰喉山椒鸟的区别在于喉黑；与短嘴山椒鸟的区别在于翼斑形状不同，颜色较淡，下体为红色。雌鸟与灰喉山椒鸟易混淆，区别仅在于上嘴基具模糊的暗黄色。

虹膜为褐色；嘴为黑色；脚为黑色。

分布范围： 繁殖于喜马拉雅山脉至中国中西部地区，越冬于印度和东南亚。

区内状况： 本地为过路鸟。偶见于保护区树顶。

濒危等级： 中国脊椎动物红色名录：无危（LC）

国家重点保护野生动物名录：未列入

CITES：未列入

黑卷尾

Dicrurus macrocercus Black Drongo

外形特征： 中等体型的蓝黑色、具金属光泽的卷尾，体长约 30 厘米。嘴小，尾长而叉深。亚成鸟下体的下部具近白色横纹。虹膜为红色；嘴及脚为黑色。

分布范围： 分布于东亚及东南亚。

区内状况： 本地为夏候鸟。栖于开阔地区，常立在小树上。

濒危等级： 中国脊椎动物红色名录：无危（LC）
国家重点保护野生动物名录：未列入
CITES：未列入

太平鸟

Bombycilla garrulus Bohemian Waxwing

外形特征： 体型略大的粉褐色太平鸟，体长约18厘米。与小太平鸟易区分，不同处在于尾尖端为黄色而非绯红。尾下覆羽为栗色，初级飞羽羽端外侧为黄色，成翼上有黄色带，三级飞羽羽端及外侧覆羽羽端为白色，并形成白色横纹。成鸟次级飞羽的羽端具蜡样红色点斑。

虹膜为褐色；嘴为褐色；脚为褐色。

分布范围： 分布于欧洲北部，亚洲北部和中部及北美洲部分地区。

区内状况： 本地为过路鸟。偶见于保护区林地。

濒危等级： 中国脊椎动物红色名录：无危（LC）

国家重点保护野生动物名录：未列入

CITES：未列入

小太平鸟

Bombycilla japonica Japanese Waxwing

外形特征： 体型略小的太平鸟，体长约 16 厘米。尾端绯红色明显。与太平鸟的区别在于黑色的过眼纹绕过冠羽延伸至头后，臀为绯红色。次级飞羽端部无蜡样附着，羽尖为绯红色，缺少黄色翼带。

虹膜为褐色；嘴为近黑；脚为褐色。

分布范围： 分布于东亚部分地区。

区内状况： 本地为过路鸟。偶见于保护区林地。

濒危等级： 中国脊椎动物红色名录：无危（LC）

国家重点保护野生动物名录：未列入

CITES：未列入

虎斑地鸫

Zoothera dauma Scaly Thrush

外形特征： 体型大并具褐色鳞状斑纹的地鸫，体长约 28 厘米。上体为褐色，下体为白色，黑色及金皮黄色的羽缘使其通体满布鳞状斑纹。

分布范围： 广布于亚欧大陆。

区内状况： 本地为夏候鸟。栖居保护区林地，于地面取食。

濒危等级： 中国脊椎动物红色名录：无危（LC）

国家重点保护野生动物名录：未列入

CITES：未列入

乌鸫

Turdus mandarinus Chinese Blackbird

外形特征： 体型略大的全深色鸫，体长约 29 厘米。雄鸟全身为黑色，嘴为橘黄色，眼圈略浅，脚黑。雌鸟上体为黑褐色，下体为深褐色，嘴为暗绿黄色至黑色。翼为深色。

分布范围： 分布于亚欧大陆。

区内状况： 本地为留鸟。甚常见，常于保护区林地、草地活动。

濒危等级： 中国脊椎动物红色名录：无危（LC）
国家重点保护野生动物名录：未列入
CITES：未列入

白眉鸫

Turdus obscurus Eyebrowed Thrush

外形特征： 中等体型的褐色鸫，体长约23厘米。白色过眼纹明显，上体为橄榄褐色，头为深灰色，眉纹为白色，胸带褐色，腹白而两侧沾赤褐。

虹膜为褐色；嘴基部为黄色，嘴端为黑色；脚为偏黄至深肉棕色。

分布范围： 广布于亚欧大陆东部。

区内状况： 本地为过路鸟。偶见于保护区林地。

濒危等级： 中国脊椎动物红色名录：无危（LC）

国家重点保护野生动物名录：未列入

CITES：未列入

赤颈鸫

Turdus ruficollis Red-throated Thrush

外形特征： 中等体型的鸫，体长约 25 厘米。雄鸟头顶至枕、背呈褐色或灰褐色，眼先及耳羽呈灰褐色，具栗红色眉纹，颜、喉、胸均为栗红色，腹部及尾下覆羽为白色，两翼为灰色具深褐色纵纹，胸部为淡栗红色并具深褐色斑点，腹部为白色，两胁有少许灰色斑点。

虹膜为褐色；嘴为黄色，尖端为黑色；脚近褐色。

分布范围： 分布于中亚至东亚。

区内状况： 本地为冬候鸟。喜在林地的腐叶间跳动。

濒危等级： 中国脊椎动物红色名录：无危（LC）

国家重点保护野生动物名录：未列入

CITES：未列入

斑鸫

Turdus eunomus　Dusky Thrush

外形特征： 中等体型、具明显黑白色图纹的鸫，体长约 25 厘米。具浅棕色的翼线和棕色的宽阔翼斑。雄鸟耳羽及胸上横纹为黑色，与白色的喉、眉纹及臀形成对比；下腹部为黑色，具白色鳞状斑纹。雌鸟为褐色及皮黄色，较暗淡，斑纹同雄鸟，下胸的黑色点斑较小。

分布范围： 广布于亚欧大陆东部。

区内状况： 本地为冬候鸟。常见于保护区林地、草地地面。

濒危等级： 中国脊椎动物红色名录：无危（LC）
国家重点保护野生动物名录：未列入
CITES：未列入

红尾鸫

Turdus naumanni Naumann's Thrush

外形特征： 体长为 23 ～ 25 厘米的红褐色鸫；脸、胸、腰为红棕色，两肋和臀部具红棕色点斑，眼上可见白色或红棕色眉纹。起飞时，尾羽展开呈红棕色。

分布范围： 主要分布于古北界东部。

区内状况： 本地为冬候鸟。喜在林地的腐叶间跳动。

濒危等级： 中国脊椎动物红色名录：无危（LC）
国家重点保护野生动物名录：未列入
CITES：未列入

宝兴歌鸫

Turdus mupinensis Chinese Thrush

外形特征： 中等体型的鸫，体长约23厘米。上体为褐色，下体为皮黄色，具明显的黑点。耳羽后侧具黑色斑块，白色的翼斑醒目。

分布范围： 中国特有种，分布于华北至云南地区。

区内状况： 本地为过路鸟，偶见于林地。

濒危等级： 中国脊椎动物红色名录：无危（LC）

国家重点保护野生动物名录：未列入

CITES：未列入

白喉矶鸫

Monticola gularis White-throated Rock Thrush

外形特征： 体型小的矶鸫，体长约 19 厘米。两性异色。雄鸟头顶、枕部及上翼小覆羽呈天蓝色，背部、翼上覆羽及飞羽呈深蓝色且有浅黄色羽缘，形成上体的淡色鳞状斑。喉部有白色斑块，下体多为橙栗色。雌鸟上体具黑色粗鳞状斑纹，喉白，眼先色浅，耳羽近黑。

虹膜为褐色；嘴近黑；脚为黯橘黄色。

分布范围： 分布于古北界东部及东洋界。

区内状况： 本地为过路鸟，偶见于保护区林地。

濒危等级： 中国脊椎动物红色名录：无危（LC）

国家重点保护野生动物名录：未列入

CITES：未列入

蓝矶鸫

Monticola solitarius　Blue Rock-thrush

外形特征： 中等体型的青石灰色矶鸫，体长约 23 厘米。雄鸟为暗蓝灰色，具淡黑及近白色的鳞状斑纹。腹部及尾下为深栗色。雌鸟上体为灰色沾蓝，下体为皮黄色且密布黑色鳞状斑纹。亚成鸟似雌鸟但上体具黑白色鳞状斑纹。

虹膜为褐色；嘴为黑色；脚为黑色。

分布范围： 广布于古北界南部、东洋界及非洲北部。

区内状况： 本地为过路鸟。偶见于保护区林地，于地面取食。

濒危等级： 中国脊椎动物红色名录：无危（LC）

国家重点保护野生动物名录：未列入

CITES：未列入

灰纹鹟

Muscicapa griseisticta Grey-streaked Flycatcher

外形特征： 体型略小的褐灰色鹟，体长约 14 厘米。眼圈为白色，下体为白色，胸及两胁满布深灰色纵纹。额具一狭窄的白色横带（野外不易看见），并具狭窄的白色翼斑。翼长，几至尾端。

虹膜为褐色；嘴为黑色；脚为黑色。

分布范围： 分布于亚洲东部。

区内状况： 常见留鸟。通常于保护区林下植被及低矮树、草丛间活动。

濒危等级： 中国脊椎动物红色名录：无危（LC）

国家重点保护野生动物名录：未列入

CITES：未列入

乌鹟

Muscicapa sibirica Dark-sided Flycatcher

外形特征： 体型略小的烟灰色鹟，体长约 13 厘米。上体为深灰色，翼上具不明显的皮黄色斑纹，下体为白色，两胁为深色，具烟灰色杂斑，上胸具灰褐色模糊带斑；白色眼圈明显，喉白，通常具白色的半颈环；下脸颊具黑色细纹，翼长至尾的 2/3 处。亚成鸟的脸及背部具白色点斑。

分布范围： 广布于亚洲东部。

区内状况： 常见留鸟。通常于保护区林下植被及低矮树、草丛间活动。

濒危等级： 中国脊椎动物红色名录：无危（LC）

国家重点保护野生动物名录：未列入

CITES：未列入

北灰鹟

Muscicapa dauurica Asian Brown Flycatcher

外形特征：体型略小的灰褐色鹟，体长约 13 厘米。上体为灰褐色，下体偏白，胸侧及两胁为褐灰色，眼圈为白色，冬季眼先偏白。嘴比乌鹟长且无半颈环。两翼呈深褐色，具狭窄白色翼斑，翼尖延至尾的中部。下体为白色或灰白色。

分布范围：主要分布于亚欧大陆东部，于南亚及东南亚越冬。

区内状况：过路鸟。偶见于东保护区树林中，于低矮树、草丛间活动。

濒危等级：中国脊椎动物红色名录：无危（LC）

国家重点保护野生动物名录：未列入

CITES：未列入

白眉姬鹟

Ficedula zanthopygia Yellow-rumped Flycatcher

外形特征： 体型小，体长约13厘米，雄鸟腰、喉、胸及上腹为黄色，下腹、尾下覆羽为白色，其余处为黑色，仅眉线及翼斑为白色。雌鸟上体为暗褐色，下体颜色较淡，腰为暗黄色。雄鸟白色眉纹和黑色背部及雌鸟的黄色腰各有别于黄眉姬鹟的雄雌两性。

分布范围： 主要繁殖于亚欧大陆东南部，越冬于东南亚。

区内状况： 常见留鸟。活泼而好结群，多见于东保护区树林，在灌丛间捕食昆虫。

濒危等级： 中国脊椎动物红色名录：无危（LC）

国家重点保护野生动物名录：未列入

CITES：未列入

鸲姬鹟

Ficedula mugimaki Mugimaki Flycatcher

外形特征： 体型略小，体长约 13 厘米，雄鸟上体为灰黑色，狭窄的白色眉纹于眼后；翼上具明显的白斑，尾基部羽缘为白色；喉、胸及腹侧为橘黄色；腹中心及尾下覆羽为白色。雌鸟上体包括腰褐色，下体似雄鸟但颜色淡，尾无白色。亚成鸟上体全为褐色，下体及翼纹为皮黄色，腹为白色。虹膜为深褐色；嘴为暗角质色；脚为深褐色。

分布范围： 繁殖于东亚，越冬于东南亚。

区内状况： 过路鸟，偶见于林下植被及低矮树活动。

濒危等级： 中国脊椎动物红色名录：无危（LC）
国家重点保护野生动物名录：未列入
CITES：未列入

红喉姬鹟

Ficedula albicilla Taiga flycatcher

外形特征： 体型小的褐色鹟，体长约 13 厘米。尾部颜色暗，基部外侧明显为白色。繁殖期雄鸟胸红沾灰，但冬季难见（冬季时胸部为灰白色）。雌鸟及非繁殖期雄鸟为暗灰褐色，喉近白，眼圈狭窄且呈白色。尾及尾上覆羽为黑色，区别于北灰鹟。

分布范围： 广布于亚欧大陆中部及东部，越冬于东南亚地区。

区内状况： 过路鸟，偶见于林下植被及低矮树丛。

濒危等级： 中国脊椎动物红色名录：无危（LC）
国家重点保护野生动物名录：未列入
CITES：未列入

白喉姬鹟

Anthipes monileger White-gorgeted Flycatcher

外形特征： 体型小的橄榄褐色鹟，体长约 13 厘米。特征为颏及喉为白色且成小片，缘以黑色的髭纹及项纹。眉纹白，翼及尾偏红，胸及两胁沾皮黄。

虹膜为褐色；嘴为黑色；脚接近灰色。

分布范围： 主要分布于喜马拉雅山脉南麓至东南亚北部。

区内状况： 过路鸟，偶见于林下植被及低矮树丛。

濒危等级： 中国脊椎动物红色名录：无危（LC）

国家重点保护野生动物名录：未列入

CITES：未列入

红喉歌鸲

Calliope calliope Siberian Rubythroat

外形特征： 中等体型的丰满的褐色歌鸲，体长约 16 厘米。具醒目的白色眉纹和颊纹，尾为褐色，两胁为皮黄色，腹部为皮黄白色。雌鸟胸带近褐色，头部黑白色条纹独特。成年雄鸟的特征为喉呈红色。

分布范围： 分布于古北界东部以及东南亚。

区内状况： 本地为留鸟。不常见，喜落叶林地及森林。

濒危等级： 中国脊椎动物红色名录：无危（LC）
国家重点保护野生动物名录：二级
CITES：未列入

蓝喉歌鸲

Luscinia svecica Bluethroat

外形特征： 中等体型的色彩艳丽的歌鸲，体长约 14 厘米。雄鸟特征为喉部具栗色、蓝色及黑白色图纹，眉纹近白色，外侧尾羽基部的棕色区域于飞行时可见。上体为灰褐色，下体为白色，尾为深褐色。雌鸟的喉为白色，而无橘黄色及蓝色，黑色的细颊纹与由黑色点斑组成的胸带相连。

分布范围： 广布于亚欧大陆和北非。

区内状况： 本地为过路鸟，偶见于保护区灌丛。

濒危等级： 中国脊椎动物红色名录：无危（LC）
国家重点保护野生动物名录：二级
CITES：未列入

蓝歌鸲

Luscinia cyane Siberian Blue Robin

外形特征：中等体型的蓝色及白色或褐色的歌鸲，体长约 14 厘米。雄鸟上体为青石蓝色，宽宽的黑色过眼纹延至颈侧和胸侧，下体为白色。雌鸟上体为橄榄褐色，喉及胸为褐色并具皮黄色鳞状斑纹，腰及尾上覆羽沾蓝。亚成鸟及部分雌鸟的尾及腰具些许蓝色。

分布范围：广布于东北亚及俄罗斯大部分地区，越冬于东南亚。

区内状况：本地为过路鸟，偶见于保护区林地及灌丛。

濒危等级：中国脊椎动物红色名录：无危（LC）

国家重点保护野生动物名录：未列入

CITES：未列入

红胁蓝尾鸲

Tarsiger cyanurus Red-flanked Bush Robin

外形特征： 体型略小而喉白的鸲，体长约 15 厘米。特征为橘黄色两胁与白色腹部及臀形成对比。雄鸟上体为蓝色，眉纹为白色；亚成鸟及雌鸟为褐色，尾部为蓝色。雌鸟与雌性蓝歌鸲的区别在于喉为褐色而具白色中线，而非喉全白，两胁为橘黄色而非皮黄色。

分布范围： 分布于古北界北部（西至俄罗斯西部，东至东亚和东北亚）以及东洋界。

区内状况： 本地为冬候鸟。常见于保护区树下及灌木丛活动。

濒危等级： 中国脊椎动物红色名录：无危（LC）

国家重点保护野生动物名录：未列入

CITES：未列入

北红尾鸲

Phoenicurus auroreus Daurian Redstart

外形特征： 中等体型而色彩艳丽的红尾鸲，体长约 15 厘米。具明显而宽大的白色翼斑。雄鸟眼先、头侧、喉、上背及两翼为褐黑色，仅翼斑为白色；头顶及颈背为灰色而具银色边缘；体羽余部为栗褐色，中央尾羽为深黑褐色。雌鸟为褐色，白色翼斑显著，眼圈及尾皮黄色似雄鸟，但色较暗淡。有的臀部为棕色。

分布范围： 分布于亚洲东部。

区内状况： 本地为冬候鸟。栖于保护区林下及矮树丛。常立于突出的栖处，尾颤动不停。

濒危等级： 中国脊椎动物红色名录：无危（LC）

国家重点保护野生动物名录：未列入

CITES：未列入

黑喉石䳭

Saxicola maurus Siberian Stonechat

外形特征： 中等体型的黑、白及赤褐色䳭，体长约 14 厘米。雄鸟头部及飞羽为黑色，背为深褐色，颈及翼上具粗大的白斑，腰为白色，胸为棕色。雌鸟颜色较暗而无黑色，下体为皮黄色，仅翼上具白斑。

分布范围： 广布于亚欧大陆及非洲北部。

区内状况： 本地为冬候鸟。栖于突出的低树枝，跃下地面捕食猎物。

濒危等级： 中国脊椎动物红色名录：无危（LC）
国家重点保护野生动物名录：未列入
CITES：未列入

丝光椋鸟

Spodiopsar sericeus Red-billed Starling

外形特征： 体型略大的灰色及黑白色椋鸟，体长约24厘米。嘴为红色，两翼及尾为亮黑色，飞行时初级飞羽的白斑明显。头具近白色丝状羽，上体余部为灰色。

虹膜为黑色；嘴为红色，嘴端为黑色；脚为暗橘黄色。

分布范围： 分布于东亚及东南亚地区。

区内状况： 本地为过路鸟。偶见于保护区开阔林木、灌丛活动。

濒危等级： 中国脊椎动物红色名录：无危（LC）

国家重点保护野生动物名录：未列入

CITES：未列入

紫翅椋鸟

Sturnus vulgaris Common Starling

外形特征： 中等体型的亮黑色、紫、绿色椋鸟，体长约21厘米。具不同程度的白色的点斑，体羽新时为矛状，羽缘为锈色并成扇贝形纹和斑纹，旧羽斑纹多消失。

虹膜为深褐色；嘴为黄色；脚略红。

分布范围： 亚欧大陆。

区内状况： 本地为过路鸟，偶见于有稀疏树木的开阔区域。

濒危等级： 中国脊椎动物红色名录：无危（LC）

国家重点保护野生动物名录：未列入

CITES：未列入

灰椋鸟

Spodiopsar cineraceus White-cheeked Starling

外形特征： 中等体型的棕灰色椋鸟，体长约 24 厘米。头为黑色，头侧具白色纹，臀、外侧尾羽羽端及次级飞羽的狭窄横纹为白色。雌鸟颜色浅而暗。

虹膜偏红；嘴为黄色，尖端为黑色；脚为暗橘黄色。

分布范围： 分布于亚洲东部及东南亚地区。

区内状况： 本地为冬候鸟。群栖性，常见于有稀疏树木的开阔林地。

濒危等级： 中国脊椎动物红色名录：无危（LC）

国家重点保护野生动物名录：未列入

CITES：未列入

八哥

Acridotheres cristatellus Crested Myna

外形特征： 体型大的黑色八哥，体长约 26 厘米。羽冠突出，嘴基部为红或粉红色，尾端有狭窄的白色区域，尾下覆羽具黑及白色横纹。

虹膜为橘黄色；嘴为浅黄色，嘴基为红色；脚为暗黄色。

分布范围： 分布于东亚及东南亚地区。

区内状况： 本地为留鸟。结小群生活，一般见于开阔草地，在地面阔步而行。

濒危等级： 中国脊椎动物红色名录：无危（LC）

国家重点保护野生动物名录：未列入

CITES：未列入

鹪鹩

Troglodytes troglodytes Eurasian Wren

外形特征： 体型小巧，体长约 10 厘米，褐色，具横纹及点斑，似鸺鹠。尾上翘，嘴细。深黄褐色的体羽具狭窄黑色横斑及模糊的皮黄色眉纹。

分布范围： 广布于亚欧大陆。

区内状况： 本地为过路鸟。偶见于西保护区的林地地带。

濒危等级： 中国脊椎动物红色名录：无危（LC）
国家重点保护野生动物名录：未列入
CITES：未列入

中华攀雀

Remiz consobrinus Chinese Penduline Tit

外形特征： 体型纤小的攀雀，体长约 11 厘米。顶冠为灰色，眼罩为黑色，背为棕色，尾为凹形。雌鸟及幼鸟似雄鸟但颜色暗，眼罩略呈深色。

虹膜为深褐色；嘴为灰黑色；脚为蓝灰色。

分布范围： 繁殖于西伯利亚东部及东亚北部。

区内状况： 过路鸟。偶见于芦苇丛。

濒危等级： 中国脊椎动物红色名录：无危（LC）

国家重点保护野生动物名录：未列入

CITES：未列入

沼泽山雀

Poecile palustris Marsh Tit

外形特征： 体型小的山雀，体长约 11.5 厘米。头顶及颏为黑色，上体偏褐色或橄榄色，下体近白色，两胁为皮黄色，无翼斑或项纹。通常无浅色翼纹而具亮黑色顶冠。

虹膜为深褐色；嘴为偏黑；脚为深灰色。

分布范围： 广布于亚欧大陆。

区内状况： 冬候鸟，常见于保护区林区的树冠。

濒危等级： 中国脊椎动物红色名录：无危（LC）

国家重点保护野生动物名录：未列入

CITES：未列入

煤山雀

Periparus ater Coal Tit

外形特征： 体型小的山雀，体长约 11 厘米。头顶、颈侧、喉及上胸为黑色。翼上的两道白色翼斑以及颈背部的大块白斑使之有别于褐头山雀及沼泽山雀。背为灰色或橄榄灰色，白色的腹部可能有皮黄色。具尖状的黑色羽冠。

虹膜为褐色；嘴为黑色，边缘为灰色；脚为青灰色。

分布范围： 广布于亚欧大陆。

区内状况： 本地为过路鸟。性活泼，偶见于树林，与其他种类混群。

濒危等级： 中国脊椎动物红色名录：无危（LC）

国家重点保护野生动物名录：未列入

CITES：未列入

黄腹山雀

Parus venustulus　Yellow-bellied Tit

外形特征： 体型小而尾短的山雀，身长约 10 厘米。下体为黄色，翼上具两排白色点斑，嘴甚短。雄鸟的头及胸兜为黑色，颊斑及颈后点斑为白色，上体为蓝灰色，腰为银白色。雌鸟的头部灰色较重，喉为白色，与颊斑之间有灰色的下颊纹，眉略具浅色点。幼鸟似雌鸟但颜色暗，上体为橄榄色。体型较小且无大山雀及绿背山雀胸腹部的黑色纵纹。

分布范围： 中国特有种，常见于华南、东南、华中及华东部。

区内状况： 过路鸟，偶见于保护区林地。

濒危等级： 中国脊椎动物红色名录：无危（LC）

国家重点保护野生动物名录：未列入

CITES：未列入

欧亚大山雀

Parus major Great Tit

外形特征： 体型大而结实的黑、灰及白色山雀，体长约 14 厘米。头及喉为灰黑色，与脸侧白斑及颈背块斑形成强烈对比；翼上具一道醒目的白色条纹，一道黑色带沿胸中央而下。雄鸟的胸带较宽，幼鸟的胸带减为胸兜。

分布范围： 广布于亚洲东部。

区内状况： 常见留鸟。性活跃，常成小群于开阔林，时在树顶，时在地面。

濒危等级： 中国脊椎动物红色名录：无危（LC）
国家重点保护野生动物名录：未列入
CITES：未列入

银喉长尾山雀

Aegithalos glaucogularis Silver-throated Tit

外形特征： 美丽而小巧、蓬松的山雀，体长约 16 厘米。细小的嘴为黑色，尾甚长，为黑色而带白边。各亚种图纹的色彩有别。下体沾粉色。幼鸟下体颜色浅，胸为棕色。

分布范围： 分布于亚欧大陆北部。

区内状况： 本地为过路鸟。偶见于保护区林地，与其他种类混群。

濒危等级： 中国脊椎动物红色名录：无危（LC）

国家重点保护野生动物名录：未列入

CITES：未列入

红头长尾山雀

Aegithalos concinnus　Black-throated Tit

外形特征： 体型小的活泼、优雅的山雀，体长约 10 厘米。各亚种有别。头顶及颈、背为棕色，过眼纹宽而黑，颏及喉为白色且具黑色圆形胸兜，下体为白色而具不同程度的栗色。幼鸟的头顶颜色浅，喉为白色，具狭窄的黑色项纹。虹膜为黄色；嘴为黑色；脚为橘黄色。

分布范围： 分布于喜马拉雅山脉至东南亚北部。

区内状况： 本地为过路鸟。偶见于保护区林地，与其他种类混群。

濒危等级： 中国脊椎动物红色名录：无危（LC）

国家重点保护野生动物名录：未列入

CITES：未列入

家燕

Hirundo rustica Barn Swallow

外形特征： 体长约 20 厘米（包括尾羽延长部）的大型燕，前额为栗红色，头顶、头侧及上体余部均为深蓝色，具金属光泽。胸偏红而具一道蓝色的胸带，腹为白色；尾甚长，近端处具白色点斑，亚成鸟体羽颜色暗。雌鸟与雄鸟的羽色相似。

分布范围： 几乎遍及全世界。繁殖于北半球，冬季南迁至非洲、东南亚、澳大利亚。

区内状况： 本地为夏候鸟。常见在高空滑翔及盘旋，或低飞于地面或在水面捕捉小昆虫。

濒危等级： 中国脊椎动物红色名录：无危（LC）

国家重点保护野生动物名录：未列入

CITES：未列入

金腰燕

Cecropis daurica Red-rumped Swallow

外形特征： 体型大的燕，体长约18厘米。头顶至背部及覆羽呈深蓝色，并具金属光泽，腰部为栗色，颊部为棕色，下体为棕白色，而多具有黑色的细纵纹，尾甚长，为深叉形。最显著的标志是有一条栗黄色的“腰带”，浅栗色的腰与深蓝色的上体形成对比。

分布范围： 繁殖于亚欧大陆；冬季迁至非洲、印度南部及东南亚。

区内状况： 本地为夏候鸟。常见在高空滑翔及盘旋，或低飞于地面或在水面捕捉小昆虫。

濒危等级： 中国脊椎动物红色名录：无危（LC）
国家重点保护野生动物名录：未列入
CITES：未列入

戴菊

Regulus regulus Goldcrest

外形特征： 体型娇小而色彩明快的偏绿色似柳莺的鸟，体长约9厘米。翼上具黑白色图案，前额的深灰色或黑色顶冠纹包围着黄色或橙红色（雄鸟）的顶冠。上体全为橄榄绿至黄绿色；下体偏灰或呈淡黄白色，两胁为黄绿色。眼周颜色浅，使其看似眼小而表情茫然。幼鸟无头顶冠纹，无过眼纹或眉纹，且头大，眼周为灰色，眼小似珠。

分布范围： 广布于亚欧大陆北部及高山地带。

区内状况： 本地为夏候鸟。常见于保护区林地及灌丛。

濒危等级： 中国脊椎动物红色名录：无危（LC）

国家重点保护野生动物名录：未列入

CITES：未列入

白头鹎

Pycnonotus sinensis Light-vented Bulbul

外形特征： 中等体型的橄榄色鹎，体长约 19 厘米。眼后一道白色宽纹伸至颈背，黑色的头羽蓬起似羽冠，髭纹为黑色，臀为白色。幼鸟的头为橄榄色，胸具灰色横纹。

分布范围： 分布于东亚及东南亚北部地区。

区内状况： 本地为留鸟。结群于树上活动。

濒危等级： 中国脊椎动物红色名录：无危（LC）
国家重点保护野生动物名录：未列入
CITES：未列入

栗耳短脚鹎

Hypsipetes amaurotis Brown-eared Bulbul

外形特征： 体型甚大的灰色鹎，体长约28厘米。冠羽略尖，耳覆羽，颈侧为栗色；顶冠及颈背为灰色，两翼和尾为褐灰色；喉及胸部的灰色带浅色纵纹；腹部偏白，两胁有灰色点斑，臀具黑白色横斑。

虹膜为褐色；嘴为深灰色；脚偏黑。

分布范围： 分布于东亚及东南亚部分岛屿。

区内状况： 本地为过路鸟。偶见于树上活动。

濒危等级： 中国脊椎动物红色名录：无危（LC）

国家重点保护野生动物名录：未列入

CITES：未列入

棕扇尾莺

Cisticola juncidis　Zitting Cisticola

外形特征： 体型小而具褐色纵纹的莺，体长约 10 厘米。腰为黄褐色，尾端白色清晰。与非繁殖期的金头扇尾莺的区别在于白色眉纹较颈侧及颈背明显浅。

分布范围： 广布于除美洲外的温暖地带。

区内状况： 本地为夏候鸟。见于保护区开阔草地、芦苇丛。

濒危等级： 中国脊椎动物红色名录：无危（LC）
国家重点保护野生动物名录：未列入
CITES：未列入

红胁绣眼鸟

Zosterops erythropleurus Chestnut-flanked White-eye

外形特征： 中等体型的绣眼鸟，体长约 12 厘米。与暗绿绣眼鸟及灰腹绣眼鸟的区别在于上体灰色较多，两胁为栗色（有时不显露），下颚颜色较淡，黄色的喉斑较小，头顶无黄色。虹膜为红褐色；嘴为橄榄色；脚为灰色。

分布范围： 分布于俄罗斯东部至东南亚的大部分地区。

区内状况： 本地为过路鸟。偶见于保护区灌丛或树顶觅食。

濒危等级： 中国脊椎动物红色名录：无危（LC）

国家重点保护野生动物名录：二级

CITES：未列入

暗绿绣眼鸟

Zosterops japonicus Japanese White-eye

外形特征： 体型小的群栖性鸟，体长约 10 厘米。上体为鲜亮的绿橄榄色，具明显的白色眼圈和黄色的喉及臀部。胸及两胁为灰色，腹为白色。

虹膜为浅褐色；嘴为灰色；脚偏灰。

分布范围： 在朝鲜半岛、日本多为留鸟，在东南亚为冬候鸟。

区内状况： 本地为过路鸟。偶见于保护区灌丛或树顶。

濒危等级： 中国脊椎动物红色名录：无危（LC）

国家重点保护野生动物名录：未列入

CITES：未列入

黑眉苇莺

Acrocephalus bistrigiceps Black-browed Reed Warbler

外形特征： 中等体型的褐色苇莺，体长约 13 厘米。眼纹为皮黄白色，其上具一条清楚、粗大的黑色条纹，眼先至眼后有一条黑色贯眼纹；下体偏白。

分布范围： 繁殖于东北亚，越冬于印度、中国南方地区及东南亚。

区内状况： 本地为夏候鸟。栖于近水的高芦苇丛及高草地。

濒危等级： 中国脊椎动物红色名录：无危（LC）

国家重点保护野生动物名录：未列入

CITES：未列入

东方大苇莺

Acrocephalus orientalis　Oriental Reed Warbler

外形特征： 体型略大的褐色苇莺，体长约19厘米。嘴较钝、较短且粗，尾较短且尾端颜色浅，上体呈橄榄褐色，下体为乳黄色，色重且胸具深色纵纹。第一枚初级飞羽的长度不超过初级覆羽。具明显的皮黄色眉纹。

分布范围： 繁殖于东亚及东北亚，越冬于东南亚至大洋洲。

区内状况： 本地为夏候鸟。栖于近水的高芦苇丛。

濒危等级： 中国脊椎动物红色名录：无危（LC）

国家重点保护野生动物名录：未列入

CITES：未列入

厚嘴苇莺

Arundinax aedon Thick-billed Warbler

外形特征： 体型大的橄榄褐色或棕色的无纵纹苇莺，体长约 20 厘米。嘴粗、短，与其他大型苇莺的区别在于无深色眼线且几乎无浅色眉纹而使其看似呆板，尾长而凸。

分布范围： 分布于亚洲东部。

区内状况： 过路鸟，偶见于近水的高芦苇丛。

濒危等级： 中国脊椎动物红色名录：无危（LC）
国家重点保护野生动物名录：未列入
CITES：未列入

褐柳莺

Phylloscopus fuscatus Dusky Warbler

外形特征： 中等体型的暗褐色柳莺，体长约 11 厘米。外形墩圆，两翼短圆，尾圆而略凹。下体为乳白色，胸及两胁沾黄褐色。上体为灰褐色，飞羽有橄榄绿色的翼缘。嘴细小，腿细长。

分布范围： 繁殖于东北亚，越冬于南亚北部及东南亚。

区内状况： 过路鸟，偶见于保护区灌丛及浓密的植被，常往上翘尾并摆动两翼和尾部。

濒危等级： 中国脊椎动物红色名录：无危（LC）

国家重点保护野生动物名录：未列入

CITES：未列入

棕眉柳莺

Phylloscopus armandii Yellow-streaked Warbler

外形特征： 中等体型的敦实的褐色柳莺，体长约 12 厘米。尾略分叉，嘴短而尖。上体为橄榄褐色，飞羽、覆羽及尾缘为橄榄色。具白色的长眉纹和皮黄色的眼先。脸侧具深色杂斑，暗色的眼先及贯眼纹与米黄色的眼圈成对比。下体为污黄白色，胸侧及两胁沾橄榄色，无胸带。喉部的黄色纵纹常隐约贯胸而及腹部，尾下覆羽为黄褐色。

分布范围： 繁殖于中国北部及中部、缅甸北部，越冬在中国南方、缅甸南部及中南半岛北部。

区内状况： 本地为过路鸟。隐匿于柳树及杨树林，于低灌丛下取食。

濒危等级： 中国脊椎动物红色名录：无危（LC）
国家重点保护野生动物名录：未列入
CITES：未列入

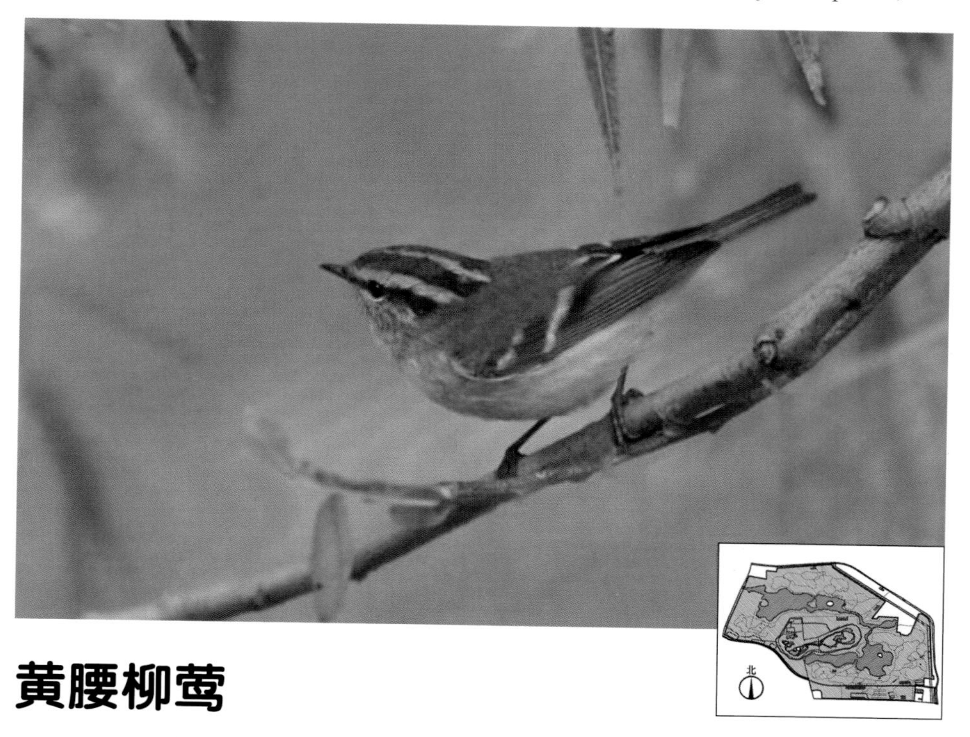

黄腰柳莺

Phylloscopus proregulus Pallas's Leaf Warbler

外形特征： 体型小的背部为绿色的柳莺，体长约 9 厘米。腰为柠檬黄色；具两行浅色翼斑；下体为灰白色，臀及尾下覆羽沾浅黄色；具黄色的粗眉纹和适中的顶纹；新换的体羽眼先为橘黄色；嘴细小。

分布范围： 繁殖于亚洲北部，广布于亚洲东部至中部；越冬在印度、中国南方及中南半岛北部。

区内状况： 本地为夏候鸟。迁徙季节常见，多在林区及灌丛活动。

濒危等级： 中国脊椎动物红色名录：无危（LC）

国家重点保护野生动物名录：未列入

CITES：未列入

极北柳莺

Phylloscopus borealis Arctic Warbler

外形特征： 体型小的偏灰橄榄色的柳莺，体长约 12 厘米。具明显的黄白色长眉纹；上体为深橄榄色，具甚浅的白色翼斑，中覆羽羽尖成第二道模糊的翼斑；下体略白，两胁为褐橄榄色；眼先及过眼纹近黑色。嘴较粗大且上弯，尾较短，头上图纹较醒目。

分布范围： 繁殖于欧洲北部、亚洲北部及阿拉斯加；冬季南迁至中国南方、东南亚。

区内状况： 本地为过路鸟。偶见于灌丛的浓密低植被之下。

濒危等级： 中国脊椎动物红色名录：无危（LC）
国家重点保护野生动物名录：未列入
CITES：未列入

黑眉柳莺

Phylloscopus ricketti Sulphur-breasted Warbler

外形特征： 中等体型而色彩鲜艳的柳莺，体长约 10.5 厘米。上体为亮绿色，下体及眉纹为鲜黄色。通常可见两道翼斑。眼纹及侧顶纹为黑绿色，顶纹近黄色，颈背具灰色细纹。虹膜为褐色；上嘴颜色深，下嘴偏黄；脚为黄粉色。

分布范围： 主要分布于东南亚，繁殖于中国中部南部及东部，越冬于中南半岛。

区内状况： 本地为过路鸟。偶见于灌丛的浓密低植被之下。

濒危等级： 中国脊椎动物红色名录：无危（LC）

国家重点保护野生动物名录：未列入

CITES：未列入

文须雀

Panurus biarmicus Bearded Reeding

外形特征： 体型小而细长的黄褐色雀，体长约 17 厘米。头为灰色，嘴细，雄鸟具象征性的黑色锥形髭纹。体羽为皮黄褐色，尾甚长，翼上具黑白色斑纹。雌鸟的头无黑色，但幼鸟的眼先为黑色。

虹膜为淡褐色；嘴为橘黄色；脚为黑色。

分布范围： 广布于亚欧大陆。

区内状况： 过路鸟，偶见于苑内芦苇丛。

濒危等级： 中国脊椎动物红色名录：无危（LC）

国家重点保护野生动物名录：未列入

CITES：未列入

棕头鸦雀

Paradoxornis webbianus Vinous-throated Parrotbill

外形特征： 体型纤小的粉褐色鸦雀，体长约 12 厘米。嘴小似山雀，头顶及两翼为栗褐色，喉略具细纹。虹膜为褐色，眼圈不明显。有些亚种翼缘为棕色。

分布范围： 分布于朝鲜半岛及俄罗斯东部。

区内状况： 常见留鸟。活泼而好结群，通常于林下植被及低矮树活动。

濒危等级： 中国脊椎动物红色名录：无危（LC）
国家重点保护野生动物名录：未列入
CITES：未列入

震旦鸦雀

Paradoxornis heudei Reed Parrotbill

外形特征： 中等体型的鸦雀，体长约 18 厘米。黄色的嘴带很大的嘴钩，黑色眉纹显著，额、头顶及颈背为灰色，黑色眉纹上缘为黄褐色而下缘为白色。上背为黄褐色，具黑色纵纹；下背为黄褐色。有狭窄的白色眼圈。中央尾羽为沙褐色，其余为黑色而羽端为白色。颏、喉及腹中心接近白色，两胁为黄褐色。翼上肩部呈浓黄褐色，飞羽较淡，三级飞羽近黑色。

虹膜为红褐色；嘴为灰黄色；脚为粉黄色。

分布范围： 中国特有种，广泛分布于东部沿海及内陆的芦苇湿地。

区内状况： 本地为过路鸟，偶见于保护区芦苇丛。

濒危等级： 中国脊椎动物红色名录：近危（NT）

国家重点保护野生动物名录：二级

CITES：未列入

蒙古百灵

Melanocorypha mongolica Mongolian Lark

外形特征： 体型大的锈褐色百灵，体长约18厘米。胸具一道黑色横纹，下体为白色。顶冠为浅黄褐色，外圈为栗色，下有白色眉纹伸至颈背，与栗色的后颈环相接。栗色的翼覆羽于白色的次级飞羽和黑色初级飞羽之上形成鲜明的翼上图纹。

分布范围： 分布于东北亚地区。

区内状况： 本地为过路鸟。偶见于有短草的开阔地区。

濒危等级： 中国脊椎动物红色名录：无危（LC）
国家重点保护野生动物名录：二级
CITES：未列入

云雀

Alauda arvensis Eurasian Skylark

外形特征： 中等体型而具灰褐色杂斑的百灵，体长约 18 厘米。顶冠及耸起的羽冠具细纹，尾分叉，羽缘为白色，后翼缘的白色于飞行时可见。眉纹为白色，颊和耳羽区为褐色，下体以白色为主。与日本云雀容易混淆，比小云雀体型稍大，后翼缘较白且叫声也不同。

分布范围： 广布于古北界。

区内状况： 本地为过路鸟。偶见于长有短草的开阔地区。

濒危等级： 中国脊椎动物红色名录：无危（LC）

国家重点保护野生动物名录：二级

CITES：未列入

山麻雀

Passer cinnamomeus Russet Sparrow

外形特征： 中等体型的艳丽麻雀，体长约 14 厘米。雄雌异色。雄鸟顶冠及上体为鲜艳的黄褐色或栗色，上背具纯黑色纵纹，喉黑，脸颊污白。雌鸟颜色较暗，具深色的宽眼纹及奶油色的长眉纹。

虹膜为褐色；嘴为灰色（雄鸟），黄色而嘴端颜色深（雌鸟）；脚为粉褐色。

分布范围： 分布于喜马拉雅山脉、东亚及东南亚。

区内状况： 过路鸟，偶见于苑内低矮灌丛。

濒危等级： 中国脊椎动物红色名录：无危（LC）

国家重点保护野生动物名录：未列入

CITES：未列入

树麻雀

Passer montanus Eurasian Tree Sparrow

外形特征： 体型略小的矮圆而活跃的麻雀，体长约 14 厘米。顶冠及颈背为褐色，两性同色。成鸟上体接近褐色，下体为皮黄灰色，颈背具完整的灰白色领环。脸颊具明显的黑色点斑，喉部黑色较少。幼鸟似成鸟但颜色较暗淡，嘴基为黄色。

虹膜为深褐色；嘴为黑色；脚为粉褐色。

分布范围： 广布于古北界。

区内状况： 留鸟。广布于苑内，多见于矮树林、空地。

濒危等级： 中国脊椎动物红色名录：无危（LC）

国家重点保护野生动物名录：未列入

CITES：未列入

白鹡鸰

Motacilla alba White Wagtail

外形特征： 中等体型的黑、灰及白色鹡鸰，体长约 20 厘米。上体体羽为灰色，下体体羽为白色，两翼及尾黑白相间。冬季时头后、颈背及胸具黑色斑纹，但不如繁殖期明显。

分布范围： 繁殖于亚欧大陆及北非，越冬于东南亚。

区内状况： 本地为留鸟。常见栖于保护区近水的开阔地带。

濒危等级： 中国脊椎动物红色名录：无危（LC）

国家重点保护野生动物名录：未列入

CITES：未列入

黄鹡鸰

Motacilla tschutschensis Eastern Yellow Wagtail

外形特征： 中等体型的带褐色或橄榄色的鹡鸰，体长约 18 厘米。头顶为蓝灰色或暗色。上体为橄榄绿色或灰色，具白色、黄色或黄白色眉纹。飞羽为黑褐色，具两道白色或黄白色横斑。尾较短，为黑褐色，最外侧两对尾羽大多为白色。下体为黄色。非繁殖期体羽为褐色，且颜色较重、较暗。雌鸟及亚成鸟的臀部不是黄色的，亚成鸟腹部为白色。

分布范围： 繁殖于欧洲至中亚，越冬于南亚。

区内状况： 本地为夏候鸟，见于保护区近水开阔地带。

濒危等级： 中国脊椎动物红色名录：无危（LC）

国家重点保护野生动物名录：未列入

CITES：未列入

灰鹡鸰

Motacilla cinerea Grey Wagtail

外形特征： 中等体型而尾长的偏灰色鹡鸰，体长约17厘米，腰为黄绿色，下体为黄色。上背为灰色，飞行时显现白色翼斑和黄色的腰，且尾较长。成鸟下体为黄色，亚成鸟偏白。

分布范围： 繁殖于欧洲至西伯利亚及阿拉斯加，越冬于非洲、印度东南亚至新几内亚和澳大利亚。

区内状况： 本地为夏候鸟。多见于保护区近水开阔地带。

濒危等级： 中国脊椎动物红色名录：无危（LC）
国家重点保护野生动物名录：未列入
CITES：未列入

树鹨

Anthus hodgsoni Olive-backed Pipit

外形特征： 中等体型的橄榄色鹨，体长约 15 厘米。上体为橄榄绿色，具褐色纵纹，头部较明显；具粗显的乳白色或棕黄色眉纹；喉及两胁为皮黄色，胸及两胁为黑色，纵纹浓密；耳后具白斑。

分布范围： 繁殖于喜马拉雅山脉及东亚，越冬于南亚、东南亚。

区内状况： 本地为冬候鸟。常活动于保护区林间空地。

濒危等级： 中国脊椎动物红色名录：无危（LC）
国家重点保护野生动物名录：未列入
CITES：未列入

水鹨

Anthus spinoletta Water Pipit

外形特征： 中等体型的灰褐色、有纵纹的鹨，体长约15厘米。头顶具细纹。繁殖期下体呈橙黄色，胸部色较深且仅于胸侧及两胁具模糊的纵纹。冬季时上体呈深灰褐色，前部具浓密的纵纹；下体为暗皮黄色，前部具浓密纵纹。

分布范围： 繁殖于欧洲西南部、中亚、蒙古及中国西部和中部，越冬于北非、中东、西北及中国南部。

区内状况： 本地为冬候鸟。喜近溪流的多草地带。

濒危等级： 中国脊椎动物红色名录：无危（LC）

国家重点保护野生动物名录：未列入

CITES：未列入

棕眉山岩鹨

Prunella montanella Siberian Accentor

外形特征： 体型略小的褐色斑驳的岩鹨，体长约 15 厘米。头部图案醒目，头顶及头侧接近黑色，余部为赭黄色。眉纹及喉为橙皮黄色而有别于褐岩鹨。

分布范围： 繁殖于欧亚大陆北部。

区内状况： 本地为过路鸟，偶见于保护区落叶林地。

濒危等级： 中国脊椎动物红色名录：无危（LC）
国家重点保护野生动物名录：未列入
CITES：未列入

燕雀

Fringilla montifringilla Brambling

外形特征： 中等体型而斑纹分明的壮实型燕雀，体长约 16 厘米。胸棕而腰白。成年雄鸟的头及颈背为黑色，背接近黑色；腹部为白色，两翼及叉形的尾为黑色，有醒目的白色肩斑和棕色的翼斑，且初级飞羽的基部具白色点斑。非繁殖期的雄鸟与繁殖期雌鸟相似，但头部图纹为褐、灰及近黑色。

虹膜为褐色；嘴为黄色，嘴尖为黑色；脚为粉褐色。

分布范围： 广布于亚欧大陆。

区内状况： 本地为留鸟，数量众多，成大群活跃于森林中，在地面或树上取食；偶见成对或小群活动。

濒危等级： 中国脊椎动物红色名录：无危（LC）

国家重点保护野生动物名录：未列入

CITES：未列入

金翅雀

Chloris sinica Grey-capped Greenfinch

外形特征： 体型小的黄、灰及褐色燕雀，体长约 13 厘米，具宽阔的黄色翼斑。成体雄鸟的顶冠及颈背为灰色，背为纯褐色，翼斑、外侧尾羽基部及臀为黄色。雌鸟颜色暗，幼鸟颜色淡且多纵纹。头无深色图纹，体羽的褐色较暖，尾呈叉形。

虹膜为深褐色；嘴偏粉；脚为粉褐色。

分布范围： 分布于亚洲东部。

区内状况： 常见留鸟。多单独或成小群栖于保护区灌丛及低矮林区。

濒危等级： 中国脊椎动物红色名录：无危（LC）

国家重点保护野生动物名录：未列入

CITES：未列入

普通朱雀

Carpodacus erythrinus Common Rosefinch

外形特征： 体型略小而头红的朱雀，体长约 15 厘米。上体为灰褐色，腹白。繁殖期雄鸟的头、胸、腰及翼斑多为鲜亮的红色，随亚种不同而程度不同，雌鸟无粉红，上体为清灰褐色，下体近白。幼鸟似雌鸟但褐色较重且有纵纹。雄鸟与其他朱雀的区别在于红色鲜亮。无眉纹，腹白，脸颊及耳羽色深而有别于多数相似种类。雌鸟颜色暗淡。

虹膜为深褐色；嘴为灰色；脚近黑色。

分布范围： 分布于整个亚欧大陆。

区内状况： 本地为过路鸟。活动于西保护区树林。

濒危等级： 中国脊椎动物红色名录：无危（LC）

国家重点保护野生动物名录：未列入

CITES：未列入

黑尾蜡嘴雀

Eophona migratoria Chinese Grosbeak

外形特征： 体型略大而敦实的燕雀，体长约 17 厘米。黄色的嘴硕大而端黑。繁殖期雄鸟外形极似有黑色头罩的大型灰雀，体灰，两翼近黑。初级飞羽、三级飞羽及初级覆羽羽端为白色，臀黄为褐色。雌鸟似雄鸟但头部黑色少。幼鸟似雌鸟但褐色较重。

虹膜为褐色；嘴为深黄色而端黑；脚为粉褐色。

分布范围： 分布于东亚至东南亚北部。

区内状况： 冬候鸟。活动于西保护区树冠顶部。

濒危等级： 中国脊椎动物红色名录：无危（LC）

国家重点保护野生动物名录：未列入

CITES：未列入

黑头蜡嘴雀

Eophona personata Japanese Grosbeak

外形特征： 体型大而圆的雀鸟，体长约 20 厘米。黄色的嘴硕大，雄雌同色。似雄性黑尾蜡嘴雀但嘴更大且全黄，臀近灰色，初级飞羽近端处具白色的小块斑，但三级飞羽、初级覆羽及初级飞羽的羽端无白色。飞行时这些差异均甚明显。幼鸟褐色较重，头部黑色减少至狭窄的眼罩，也具两道皮黄色翼斑。

虹膜为深褐色；嘴为黄色；脚为粉褐色。

分布范围： 主要分布于东亚。

区内状况： 冬候鸟。活动于西保护区树冠顶部。

濒危等级： 中国脊椎动物红色名录：无危（LC）

国家重点保护野生动物名录：未列入

CITES：未列入

锡嘴雀

Coccothraustes coccothraustes Hawfinch

外形特征： 体型大而胖墩的偏褐色燕雀，体长约 17 厘米。嘴特大而尾较短，具白色宽肩斑。雄雌几乎同色。成鸟具狭窄的黑色眼罩；两翼闪辉蓝黑色（雌鸟灰色较重），初级飞羽上端非同寻常地弯而尖；尾为暖褐色而略凹，尾端白色狭窄，外侧尾羽具黑色次端斑；两翼的黑白色图纹明显。幼鸟似成鸟但颜色较深且下体具深色的小点斑及纵纹。

虹膜为褐色；嘴为角质色至近黑；脚为粉褐色。

分布范围： 分布遍及亚欧大陆。

区内状况： 冬候鸟。活动于西保护区树冠顶部。

濒危等级： 中国脊椎动物红色名录：无危（LC）

国家重点保护野生动物名录：未列入

CITES：未列入

三道眉草鹀

Emberiza cioides Meadow Bunting

外形特征： 体型略大的棕色鹀，体长约 16 厘米。具醒目的黑白色头部图纹和栗色的胸带，以及白色的眉纹、上髭纹、颏及喉。繁殖期雄鸟脸部有别致的褐色及黑白色图纹，胸为栗色，腰为棕色。雌鸟颜色较淡，眉线及下颊纹为皮黄色，胸为浓皮黄色。幼鸟颜色淡且多细纵纹，中央尾羽的棕色羽缘较宽，外侧尾羽羽缘为白色。

虹膜为深褐色；嘴为双色，上嘴颜色深，下嘴为蓝灰色而嘴端颜色深；脚为粉褐色。

分布范围： 分布于东亚。

区内状况： 本地为过路鸟。多藏隐于保护区的浓密棘丛。常结成小群。

濒危等级： 中国脊椎动物红色名录：无危（LC）

国家重点保护野生动物名录：未列入

CITES：未列入

白眉鹀

Emberiza tristrami Tristram's Bunting

外形特征： 中等体型的鹀，体长约 15 厘米。头具显著条纹。成年雄鸟的头部有黑白色图纹，喉黑，腰为棕色而无纵纹。雌鸟及非繁殖期雄鸟颜色暗，头部图纹似繁殖期的雄鸟，仅颏色浅。与黄眉鹀的区别在于黄色眉纹少，尾色较淡，黄褐色较多，胸及两胁纵纹较少且喉色较深；与田鹀相比，颈背不是红色的。

虹膜为深栗褐色；上嘴为蓝灰色，下嘴偏粉色；脚为浅褐色。

分布范围： 繁殖于西伯利亚东部，中国东北部；越冬至中国南方地区、中南半岛北部。

区内状况： 本地为过路鸟。多藏隐于保护区的浓密棘丛。

濒危等级： 中国脊椎动物红色名录：无危（LC）

国家重点保护野生动物名录：未列入

CITES：未列入

黄眉鹀

Emberiza chrysophrys Yellow-browed Bunting

外形特征： 体型略小的鹀，体长约 15 厘米。头具条纹。似白眉鹀但眉纹前半部为黄色，下体更白而多纵纹，翼斑也更白，腰更显斑驳且尾色较重。黄眉鹀的黑色下颊纹比白眉鹀明显，并分散地融入胸部纵纹。与冬季灰头鹀的区别在于腰为棕色，头部多条纹且反差明显。

虹膜为深褐色；嘴为粉色，嘴峰及下嘴端为灰色；脚为粉红色。

分布范围： 繁殖于西伯利亚中部、东部及蒙古极北部，越冬于中国东南部。

区内状况： 本地为过路鸟。常见于保护区的次生灌丛，与其他鹀混群。

濒危等级： 中国脊椎动物红色名录：无危（LC）

国家重点保护野生动物名录：未列入

CITES：未列入

田鹀

Emberiza rustica Rustic Bunting

外形特征：体型略小而色彩明快的鹀，体长约14.5厘米。腹部为白色。成年雄鸟头具黑白色条纹，颈背、胸带、两胁纵纹及腰为棕色，略具羽冠。雌鸟及非繁殖期雄鸟相似但白色部位色暗，染皮黄色的脸颊后方通常具近白色点斑。幼鸟纵纹密布。

虹膜为深栗褐色；嘴为深灰色，基部为粉灰色；脚偏粉色。

分布范围：繁殖于亚欧大陆北部，越冬于中国东部、日本。

区内状况：本地为过路鸟。偶见于保护区低矮树丛。

濒危等级：中国脊椎动物红色名录：易危（VU）

国家重点保护野生动物名录：未列入

CITES：未列入

黄喉鹀

Emberiza elegans Yellow-throated Bunting

外形特征： 中等体型的鹀，体长约 15 厘米。腹白，头部图纹为黑色及黄色，具短羽冠。雌鸟似雄鸟但颜色暗，头部图纹为褐色及皮黄色。与田鹀的区别在于脸颊为褐色而无黑色边缘，且脸颊后无浅色块斑。

分布范围： 繁殖于西伯利亚东南部，中国东北部、北部及中部，朝鲜半岛及日本。

区内状况： 本地为留鸟。常见栖于保护区的多荫林地及次生灌丛。

濒危等级： 中国脊椎动物红色名录：无危（LC）

国家重点保护野生动物名录：未列入

CITES：未列入

黄胸鹀

Emberiza aureola Yellow-breasted Bunting

外形特征： 中等体型而色彩鲜亮的鹀，体长约 15 厘米。繁殖期雄鸟的顶冠及颈背为栗色，脸及喉为黑色，黄色的领环与黄色的胸腹部间有栗色胸带，翼角有显著的白色横纹。非繁殖期的雄鸟色彩淡许多，颏及喉为黄色，仅耳羽为黑色而具杂斑。雌鸟及亚成鸟的顶纹为浅沙色，两侧有深色的侧冠纹，几乎无下颊纹，眉纹为浅皮黄色。

分布范围： 繁殖于西伯利亚至中国东北部、日本，越冬至中国南部及东南亚。

区内状况： 本地为过路鸟。偶见于保护区的次生灌丛。常与其他鹀混群。

濒危等级： 中国脊椎动物红色名录：濒危（EN）
国家重点保护野生动物名录：一级
CITES：未列入

灰头鹀

Emberiza spodocephala Black-faced Bunting

外形特征：体型小的黑色及黄色鹀，体长约 14 厘米。指名亚种繁殖期雄鸟的头、颈背及喉为灰色，眼先及颏为黑色；上体余部为浓栗色而具明显的黑色纵纹；下体为浅黄色或近白；肩部具一白斑，尾颜色深而带白色边缘。雌鸟及冬季雄鸟的头为橄榄色，过眼纹及耳覆羽下的月牙形斑纹为黄色。

分布范围：繁殖于西伯利亚、日本、中国东北及中西部，越冬于中国南方地区。

区内状况：本地为冬候鸟。偶见于保护区灌丛。

濒危等级：中国脊椎动物红色名录：无危（LC）
国家重点保护野生动物名录：未列入
CITES：未列入

苇鹀

Emberiza pallasi Pallas's Bunting

外形特征： 体型小的鹀，体长约 14 厘米。头为黑色。繁殖期雄鸟：白色的下髭纹与黑色的头及喉成对比，颈圈为白色而下体为灰色，上体具灰色及黑色的横斑。似芦鹀但略小，上体几乎无褐色或棕色，小覆羽为蓝灰色而非棕色和白色，翼斑明显。雌鸟及非繁殖期雄鸟及各阶段体羽的幼鸟均为浅沙皮黄色，且头顶、上背、胸及两胁具深色纵纹。上嘴形直而非凸形，尾较长。

虹膜为深栗色；嘴为灰黑色；脚为粉褐色。

分布范围： 繁殖于西伯利亚、蒙古北部，越冬至东亚中部及南部。

区内状况： 本地为过路鸟。偶见栖于芦苇地。

濒危等级： 中国脊椎动物红色名录：无危（LC）

国家重点保护野生动物名录：未列入

CITES：未列入

鸸鹋

Dromaius novaehollandiae Emu

外形特征： 世界上第二大的鸟类，体高为 150 ~ 185 厘米，体重为 30 ~ 45 千克，寿命约为 10 年。擅长奔跑，也被称作澳洲鸵鸟。成年雌性比雄性大。形似非洲鸵鸟而较小，属于平胸类，没有龙骨，嘴短而扁，羽毛为灰色、褐色或黑色，长而卷曲，自颈部向身体的两侧覆盖。翅膀退化，完全无法飞翔。翅膀比非洲鸵鸟和美洲鸵鸟退化更严重，足为三趾，是世界上最古老的鸟种之一。

分布范围： 分布于澳大利亚大陆，但是在开阔地区比较常见，而在山地和茂密的森林等地比较罕见。

区内状况： 栖息于西保护区动物园。

濒危等级： 中国脊椎动物红色名录：无危（LC）

国家重点保护野生动物名录：未列入

CITES：未列入

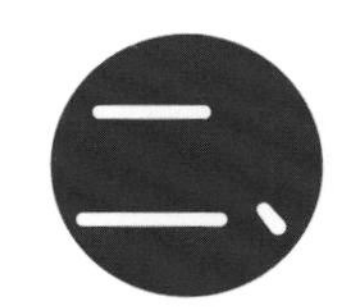

麋鹿苑的兽

麋鹿

Elaphurus davidianus Pere David's Deer

外形特征： 头体长为 150 ~ 200 厘米，肩高约为 114 厘米，尾长约为 50 厘米，颅全长为 40 ~ 42 厘米，体重为 150 ~ 200 千克。是大型漂亮的红褐色鹿，角无眉杈，但有一长的后枝，几乎与背部平行，前枝所有的分杈都向后伸展。冬毛绒厚，为暗灰色。头骨狭长，泪窝明显。

分布范围： 历史上分布于中国东北至南部的沼泽栖息地，现在分布于北京南海子麋鹿苑、江苏大丰和湖北石首等 70 多处栖息地，有野外种群 3 个，特有种。

区内状况： 分布于保护区内。

濒危等级： 中国脊椎动物红色名录：野外灭绝（EW）
国家重点保护野生动物名录：一级
CITES：一级

黇鹿

Dama dama　Common Fallow Deer

外形特征：雄性体长为 140 ～ 160 厘米，肩高为 90 ～ 100 厘米，体重为 55 ～ 70 千克，雌性略小。黄褐色或者白色的一种鹿，角的上部扁平或呈掌状，尾略长。性温顺。普通的黇鹿身上有斑点，很容易与梅花鹿混淆。

分布范围：生活在地中海地区的树林中，是森林动物，一般栖息于混杂的林地和开放的草地。

区内状况：分布于西保护区小动物园。

濒危等级：中国脊椎动物红色名录：无危（LC）

国家重点保护野生动物名录：未列入

CITES：未列入

梅花鹿

Cervus nippon Sika Deer

外形特征： 头体长为 105 ～ 170 厘米；肩高为 64 ～ 110 厘米；尾长为 80 ～ 180 厘米，颅全长为 26 ～ 29 厘米，体重为 40 ～ 150 千克，是体型略小而优美的鹿。皮毛呈红色。沿脊背在体侧有数行不规则的白色斑点。尾侧和尾下为白色，雄鹿的角前枝较短，后枝分 3 ～ 4 杈。

分布范围： 主要分布于俄罗斯东部、日本和中国。

区内状况： 分布于西保护区小动物园。

濒危等级： 中国脊椎动物红色名录：无危（LC）

国家重点保护野生动物名录：一级

CITES：未列入

马鹿

Cervus elaphus Red Deer

外形特征： 头体长为 165 ～ 265 厘米，肩高为 100 ～ 150 厘米，尾长为 10 ～ 22 厘米，颅全长为 40 ～ 45 厘米，体重为 75 ～ 240 千克，是体型很大的鹿，具有宽而多叉的角，臀斑大而显著。鼻骨长，脸内侧高，泪骨呈三角形。

分布范围： 分布于中亚、西伯利亚、蒙古及不丹、中国和北美。

区内状况： 分布于西保护区小动物园。

濒危等级： 中国脊椎动物红色名录：无危（LC）

国家重点保护野生动物名录：二级

CITES：未列入

獐

Hydropotes inermis Chinese Water Deer

外形特征： 体长为 90 ~ 100 厘米，肩高约为 55 厘米，体重约为 15 千克。雌雄均无角，雄性獠牙发达，尾短被短毛、四肢较宽。冬毛粗而厚密，为枯草黄色；夏毛细而较短，光润而微带红棕色；腹毛略呈淡黄色；全身无斑纹。初生仔鹿为暗褐色，有浅棕色斑点，随胎毛更换而逐渐消失。

分布范围： 分布于中国长江沿岸以及朝鲜半岛。

区内状况： 散放于麋鹿苑，于苑区各处可见。

濒危等级： 中国脊椎动物红色名录：易危（VU）

国家重点保护野生动物名录：二级

CITES：未列入

普氏野马

Equus ferus ssp. przewalskIi Mongolian Wild Horse

外形特征： 头体长为 180 ～ 280 厘米，肩高为 120 ～ 146 厘米，尾长为 38 ～ 60 厘米（不包括毛长），耳长为 14 ～ 18 厘米，颅全长 47 ～ 54 厘米，体重为 200 ～ 350 千克。比家马头大，四肢粗壮，染色体位为 64 ～ 66。

分布范围： 原产于蒙古西部科布多盆地和中国新疆准噶尔盆地东部。

区内状况： 本地栖息于西保护区小动物园。

濒危等级： 中国脊椎动物红色名录：野外灭绝（EW）
国家重点保护野生动物名录：一级
CITES：未列入

远东刺猬

Erinaceus amurensis Amur Hedgehog

外形特征： 体长不过 25 厘米的小型哺乳动物，成年刺猬体重可达 2.5 千克。体背和体侧满布棘刺，头、尾和腹面被毛；嘴尖而长、耳小、四肢短、尾短；前后足均具五趾，跖行，少数种类前足有四趾；蜷缩成团时头和四足均不可见。齿为 36 ~ 44 颗，均具尖锐齿尖，适于食虫。

分布范围： 广泛分布于亚洲、欧洲和非洲，并被人为引进新西兰。

区内状况： 于苑区各处可见。

濒危等级： 中国脊椎动物红色名录：无危（LC）

国家重点保护野生动物名录：未列入

CITES：未列入

普通伏翼

Pipistrellus abramus Common Pipistrelle

外形特征：较小型的蝙蝠，前臂长为 32 ~ 35 毫米。头宽短。耳壳较小，略呈三角形。耳屏狭长，超过耳壳长的一半，前端不尖锐。翼膜较宽长，薄而几乎透明。拇指短。第三、四、五指掌骨几乎等长。跗趾长不超过胫骨长度的一半。阴茎长、大，达 10 毫米以上。

分布范围：中国以内广泛分布，中国以外分布于日本、朝鲜、韩国、老挝、缅甸、越南。

区内状况：于苑区各处可见。

濒危等级：中国脊椎动物红色名录：无危（LC）

国家重点保护野生动物名录：未列入

CITES：未列入

黄鼬

Mustela sibirica Siberian Weasel

外形特征： 俗名“黄鼠狼”，体长为 280 ~ 400 毫米，雌性比雄性小 1/3 ~ 1/2。头骨为狭长形，顶部较平。周身为棕黄色或橙黄色，小型的食肉动物。

分布范围： 分布于不丹、中国、印度、日本、韩国、朝鲜、老挝、蒙古、缅甸、尼泊尔、巴基斯坦、俄罗斯、泰国、越南。

区内状况： 于保护区内可见。

濒危等级： 中国脊椎动物红色名录：无危（LC）

国家重点保护野生动物名录：未列入

CITES：未列入

黑线姬鼠

Apodemus agrarius Striped Field Mouse

外形特征： 体型小的灰黑色鼠，体长 65~110 毫米，尾长略短于体长（50~70 毫米），身体纤细，有清晰的尾鳞，耳短，前折达不到眼部，四肢细弱，乳头共 4 对，胸部 2 对，鼠蹊部 2 对。

分布范围： 分布于朝鲜、蒙古、俄罗斯至欧洲西部 。

区内状况： 于苑区各处可见。

濒危等级： 中国脊椎动物红色名录：无危（LC）
国家重点保护野生动物名录：未列入
CITES：未列入

小家鼠

Mus musculus Mouse

外形特征： 体型小，体重为 12 ~ 30 克，体长为 60 ~ 90 毫米，尾长等于或短于体长，后足长小于 17 毫米，耳短，前折达不到眼部。乳头共 5 对，胸部 3 对，鼠蹊部 2 对。小家鼠上颌门齿内侧，从侧面看有一明显的缺刻。毛色变化很大，背毛由灰褐色至黑灰色，腹毛由纯白到灰黄色。前后足的背面为暗褐色或灰白色。尾毛上面的颜色较下面深。

分布范围： 广泛分布于除南极洲外的大陆。

区内状况： 于苑区各处可见。

濒危等级： 中国脊椎动物红色名录：无危（LC）
国家重点保护野生动物名录：未列入
CITES：未列入

黑线仓鼠

Cricetulus barabensis Striped Dwarf Hamster

外形特征： 体型小，外表肥壮，粗短，成体体重一般为 20 ~ 35 克。成体体长为 80 ~ 120 毫米。头较圆，吻短、钝。耳短、圆，具白色毛边，耳长 14 ~ 17 毫米。尾极短小，约为体长的 1/4，略长于后足。后足短小，长 14 ~ 18 毫米。口腔内有发达的颊囊，长约 20 毫米。雌鼠有乳头 4 对，胸部 2 对，鼠蹊部 2 对。

分布范围： 广泛分布于俄罗斯、朝鲜北部、蒙古、中国大部分地区。

区内状况： 于苑区各处可见。

濒危等级： 中国脊椎动物红色名录：无危（LC）
国家重点保护野生动物名录：未列入
CITES：未列入

参考文献

[1] 约翰·马敬能，卡伦·菲利普斯．中国鸟类野外手册[M]．卢和芬，何芬奇，解焱，译．长沙：湖南教育出版社，2000.
[2] 郑光美．中国鸟类分类与分布名录[M]．北京：科学出版社，2011.
[3] 蒋志刚，江建平，王跃招，等．中国脊椎动物红色名录[J]．生物多样性，2016, 24（5）：500–551.
[4] 赵欣如．中国鸟类图鉴[M]．北京：商务印书馆，2018.
[5] 史密斯．中国兽类野外手册[M]．解焱，译．长沙：湖南教育出版社，2009.

后记

由于知识水平有限，书中难免有疏误之处，恳请各位专家和读者批评指正，共同探讨。本书是在老师们和同事们的关心和帮助下完成的，在此表示感谢！本书的出版受到北京市科学技术研究院财政资助项目（项目编号：23CB066）的资助，在此一并表示感谢。

最后，对书中出现的术语进行注解，期望能更好地介绍书中的鸟类。

过路鸟： 迷鸟，苑内少见，每年能见到的次数少于 10 次。

成鸟： 性成熟并能繁殖的鸟。

脸部： 眼先、眼部、颊部和下颊部的总称。

飞羽： 飞行中为鸟类提供上升力的初级、次级飞羽及尾羽。

脚： 跗跖、趾和爪的总称。

前颈： 喉部下方区域。

头部： 额部、顶冠、枕部和头侧的总称，但不包括颏和喉部。

颊区： 喙基、喉部及眼部之间的区域。

全北界： 古北界和新北界的总称。

东洋界： 包括中国秦岭以南地区、印度半岛、中南半岛、马来半岛以及斯里兰卡、菲律宾群岛、苏门答腊、爪哇、加里曼丹等大小岛屿的动物地理区。

古北界： 包括欧洲、北回归线以北的非洲大陆、阿拉伯半岛大部分、喜马拉雅山脉－秦岭山脉一线以北的亚洲大陆的动物地理区。

新北界： 包括墨西哥高原及其以北的北美洲、格陵兰、加拿大、美国等北温带地区的动物地理区。

猛禽： 掠食性鸟类。

翼镜： 鸭类两翼上与余部翼羽色彩对比明显的闪斑。

亚种： 种内形态上相似而有别于种内其他种群的种群。

末端： 形态学结构的端部。

翼后缘： 两翼的后缘。

下体： 身体的腹面，通常由喉部至尾下覆羽。

上体： 身体的背面，通常由头部至尾羽。

翼下： 两翼的近腹面，包括飞羽和翼覆羽。

臀： 泄殖腔孔周围的区域，有时亦指尾下覆羽。

翼斑： 由于翼羽端部和基部色彩差异而形成的带斑。

翼覆羽： 翼上及翼下的小覆羽、中覆羽和大覆羽。